2024

해기사(海技士)를 위한

해사협약과 국내이행법규

두현욱 저

도서출판 GS인터비전

머리말

국제무역에서 선박이 차지하는 역할은 실로 막중하며 현재 대체할 수 있는 운송 수단은 사실상 존재하지 않는다. 전통적으로 대양을 항해하는 선박은 경험이 많고 전문지식을 갖춘 선원을 통해서 운항되었으며 선박이 대형화되고 현대화된 항해•기관장비가 설치되면서 이를 운용하고 정비할 수 있는 유능한 해기사(海技士)의 중요성이 더욱 강조되어왔다.

해기사는 육상의 산업시설 또는 교통수단과 달리 해양을 무대로 운항되는 선박에서 장기간 승무하기 때문에 선내 장비의 운용과 비상 상황에 대처할 수 있는 기술적인 지식을 반드시 갖추고 있어야 한다. 또한 국가 간 영역을 넘나들며 항해하기 때문에 선박의 구조, 장비를 포함해서 선원의 교육 · 훈련 및 자격 요건도 국제표준화하여 국제협약으로 규제하고 있다. 특히, 선박이 대형화되고 무역량이 증가함에 따라 선박으로 인해 발생하는 해양사고는 해양환경의 파괴와 함께 소중한 인명의 피해를 발생시키고 있기에 지구상의 모든 국가는 선박안전확보에 노력하고 있으며 그 중심에는 유능한 해기사의 양성을 중요 국가 정책의 하나로 삼고 있다.

우리나라는 지형적으로 삼면이 바다고 대륙으로 연결되는 육로는 막혀 있기에 수출입에 의존하는 국가 경제활동에 있어서 해상무역의 역할은 아무리 강조해도 지나치지 않다. 대한민국 해기사는 다수의 해양수산계 대학교와 고등학교를 통해서 양성되고 있다. 또한 해운 경기에 따른 해기사 수요에 탄력적으로 대응하기 위한 목적으로 선원전문 교육기관인 한국해양수산연수원을 통해서 단기간 내 고등교육기관에서 배출하는 해기사와 같은 면허(3급 항해 및 기관사 해기면허)의 해기사를 양성하는 two track 정책을 시행해 오고 있다. 아마도 한국해양수산연수원의 모든 교수진의 공통된 고충이 있다면 4년 정규과정의 해양수산계 대학교의 학생과 달리 비해양수산계 대학교 졸업생을 대상으로 단기간 집중적인 교육(일반적으로 6개월 좌학 및 1년 동안 선박에서 현장실습으로 구성)을 통해서 동일한 수준의 해기사를 배출해야 하는 부담일 것 같다. 무엇보다도 해사법규는 선박과 선원에게 적용되는 특별한 법이기에 법학 전공자라 할지라도 해운산업의 경험이 전혀 없는 경우에는 이해하고 응용하는 데 한계가 있을 수밖에 없다. 특히, 내용 대부분이 선박관리, 선박 기기나 장비 운용 그리고 선원의 노동권과 같은 직무 및 권리와 연관되어 있기에 해당 업무를 수행한 경험이 없는 학생을 대상으로 수업할 때는 부가적으로 많은 설명과 해설이 뒤따를 수밖에 없었다. 또한 교육 대상자의 대부분이 법학을 접하지 않았기에 국제법부터 국내법에 이르기까지 수업을 이해할 수 있는 수준의 기본적인 용어 정의, 원칙과 배경 설명자료가 항상 아쉬웠다.

이 책은 다년간 오션폴리텍 과정에서 강의하면서 개인적으로 느낀 교재의 필요성이 집필의 동기부여가 되었고 무엇보다도 조금이나마 기관과 학생들에게 해사협약과 국내법률에 친숙해졌으면 하는 마음으로 시작하였다. 그렇게 목적에 충실한 나머지 일반적인 법학서와 달리 법률집과 해설서의 중간 어디쯤에 위치한 책이 된 것은 아닌가 하는 부끄러움과 아쉬움이 있다. 그러나 해를 거듭할수록 자기 모습을 갖추게 될 것이라는 믿음으로 나 자신을 달래어 본다. 주 독자는 한국해양수산연수원의 오션폴리텍 기관과 학생이지만 항해과 학생 또는 해사공법에 관심이 있는 분들에게도 도움이 될 수 있도록 구성하였다. 예를 들어서 해운산업을 이해하고 국제기구의 기능 및 조직, 관련 협약과 국내법률에 내포된 기본적인 법리와 국제 동향을 담으려고 노력하였다. 이는 본서가 단순하게 법조문을 전달하는 데 그치지 않고 학생들이 향후 관리자(기관장 또는 1등 기관사)가 되었을 때 조금이나마 해사법규의 체계를 이해하는 데 도움을 주려는 목적도 있기 때문이다.

아무쪼록 선박과 해기사에 관심 있는 분들에게 조금이라도 해사협약과 국내법률을 이해하고 직무수행에 도움이 되었으면 한다. 모든 책이 마찬가지겠지만 이 책도 해를 거듭하면서 발전할 수 있도록 독자의 관심과 질책을 감히 부탁해 본다(dooduck@hanmail.net). 끝으로 부족한 책 출판에 많은 도움을 주신 GS인터비전의 송기수 대표님과 편집하신다고 수고해 주신 김명신 실장님에게 감사의 말을 전한다.

2024. 2

저자 두현욱

1편 국제해사협약

2편 해사법규

1편 국제해사협약

국제해사협약

1.1 국제해사협약

1.1.1 총론

국제법(國際法)이란 일반적으로 국가 간에 적용되는 법이다. 따라서 국제사회공동체의 구성원인 독립국가에게만 적용되는 것이 원칙이다. 현대 국제법은 서유럽에서 1648년 체결된 웨스트팔리아 평화조약(Treaty of Westphalia)[1)]을 시작으로 발전해 왔다.

일반적으로 국제법은 형식에 따라 조약(Treaty)과 관습국제법(Customary International Law)으로 구분된다. 조약은 그 명칭에 상관없이 서면 형식을 취하고 있는 반면에 관습국제법은 불문법의 형태로 존재한다. 국제법은 19세기 말부터 시작된 국제사회에 통용되는 관습 또는 관행이 성문화 작업을 통해서 조약의 형식으로 채택되고 있다. 그러나 조약과 관습국제법 간에는 서열이 존재하지 않기 때문에 이해 당사국 간의 적용에 있어서 일반적으로 신법우선원칙과 특별법우선원칙이 적용된다.

현대사회는 산업혁명을 거치면서 과학과 산업기술이 급속하게 발전하게 되었으며 국가 간의 물적 그리고 인적 이동과 교류가 활발하게 이루어지고 있다. 이로 인해서 지구상에 존재하는 국가 간의 협력은 그 어느 시대보다 중요하게 강조되고 있으며 앞으로도 이와 같은 기류는 지속될 것으로 판단된다. 그러나 경제활동, 환경보호 및 국가안보적인 차원에서는 자국의 이익을 보호하고 타 국가보다 우세한 경쟁력을 확보하고자 하는 노력도 한편에서 이루어지고 있다. 이처럼 국가들은 협력을 중시하지만 각기 자국의 상황에 따라 관심사가 상이하기 때문에 국가 간의 경쟁과 분쟁은 지속해서 발생하고 있다.

---

1) 유럽 전역에서 발생한 30년 전쟁(1618-1648)이 끝나면서 참전국이 모여 체결한 평화조약으로서 근대 조약의 출발점으로 평가받고 있다. 이 조약을 통해서 스위스와 네덜란드가 독립되고 신성로마제국의 제후국들의 권한이 강화되는 등 유럽 사회가 분권화되면서 당시만 하더라도 없었던 근대국가의 '주권' 개념이 성립되었다.

특히, 20세기에 들어서면서 급속한 인구의 증가와 함께 빠른 산업 성장은 국가 간의 물동량을 증가시켰으며 판매자와 소비자 입장에서 선박은 매우 경제적이고 효과적인 물류 운송수단으로 인정받으면서 선박건조기술과 대양항해기술은 급속하게 발전되었다고 할 수 있다.

무엇보다도 상선의 경우 국가 간의 경제활동이 활발해지면서 선박의 운송량[2]과 척수가 크게 증가한 반면에 선박 간에 발생하는 해상교통사고로 인한 인명사고와 해양오염사고도 지속해서 발생하고 있으므로 국가들은 해상에서의 질서를 확립하고 선박의 안전을 확보하기 위해 국제협약을 통한 이행에 관심을 가지게 되었다. 이러한 국제협약은 대부분 선박의 건조 및 장비에 관한 요건 및 기술기준(선박안전에 관한 협약), 선박으로부터 배출되는 해양오염물질 배출 기준 및 해양오염방지설비에 관한 요건(해양오염방지에 관한 협약) 그리고 선원의 교육·훈련, 자격 증명(선원의 교육·훈련에 관한 협약) 및 선원근로에 관한 기준(선원노동에 관한 협약)[3]에 이르기까지 그 범위는 매우 광범위하기 때문에 해운업계에 미치는 영향력 또한 상당하다.

〈해양법의 발전〉

20세기 중반까지 해양에 적용되는 국제적인 협약은 존재하지 않아서 국가 간의 분쟁이 발생하더라도 공통적으로 적용할 수 없어서 이해당사국 간에 적용할 수 있는 관습국제법 또는 조약을 적용하였다. UN이 설립된 이후 가장 먼저 착수한 작업이 해양에서의 국가 간 분쟁의 발생을 방지하고 해양 질서를 확립할 목적으로 해양의 관습국제법을 성문화하는 작업이었다. 다년간의 노력을 통해서 1958년에 4개의 해양법협약들이 채택되었다. 그러나 해양법협약들이 대상과 목적에 따라 분리되어 있으니 국가마다 국익과 편의를 고려해서 선택적으로 가입함으로써 국제적으로 통일된 이행의 한계가 있었으며, 가장 중요한 영해의 범위를 규정하고 있지 않았다.

이후, 해양법협약들의 문제점을 개선하기 위해서 2차례의 해양법 회의를 개최하였으며 국제적인 노력의 결과, 1982년 유엔해양법협약(UN Convention on the Law of the Sea)이 채택되었으며, 1994년에 국제적으로 발효되었다.

동 협약은 해양을 국가관할권에 따라 영해(12해리 이내), 접속수역(24해리 이내), 배타적 경제수역(200해리 이내) 및 공해로 구분하고 있으며, 해양에서 이루어지는 모든 활동에 관한 기본적인 국가관할권을 규정하고 있다.

---

2) 일반적으로 선박이 가지고 있는 운송능력으로서 선박의 재화중량톤수(Dead Weight Tonnage)를 말한다.

3) 본서에서는 이와 관련된 조약 형태의 국제적인 기준을 국제해사협약이라는 용어로 통일해서 사용한다.

1.1.2 국제해사협약의 이해당사자

현대 산업의 대부분이 국제성을 가지고 있지만 해운업은 일찍이 물류 이동과 밀접하게 관련되어 있기에 다른 산업보다도 일찍이 인정받았으며 다수의 이해당사자가 관여되어 있다. 국제협약의 체결 주체는 국가가 되지만 이행 주체는 협약의 당사국을 비롯한 다수의 공적 또는 사적 주체가 관여되어 있다. 여기서는 국제해사협약의 직간접 적용 대상으로서 이행 당사자에 대해서 간략하게 살펴보고자 한다.

1) 조선소

해상물류이송 또는 해상여객이송에 사용되는 현대화된 선박은 조선소(shipyard)에서 건조된다. 근대 이전의 조선(shipbuilding)은 목수들의 경험을 기반으로 건조되었지만, 현재는 고도화된 과학 기술을 기반으로 한 제조업으로 발전하였다. 대형선박은 국경을 넘나드는 운송수단 또는 교통수단이기 때문에 안전에 관한 기준을 국제적으로 통일화하여 선박의 안전을 확보하는 것이 효과적이다. 따라서 선박의 설계 및 건조와 관련된 기술적인 국제협약을 채택하고 동 협약에 따라 조선소에서 선박을 건조한다.

일반적으로 선박기인 해양오염물질과 관련한 해양오염방지설비, 선박의 구조 및 배출기준은 국제해사기구(IMO)를 통해서 채택된 국제협약으로 규제되지만 유럽의 국가, 호주 또는 미국의 경우에는 일방적으로 국내법 제정을 통해서 국내 항만에 입항하는 외국 선박에 대해서 규제하는 경우도 발생하고 있다. 이에 따라 국제기준보다 엄격한 친환경적인 선박을 건조할 수 있는 능력을 국내 조선소가 갖추고 있는가는 국제조선시장에서 경쟁력을 확보할 수 있는 중요한 척도가 되어가고 있다.

2) 해운회사(Shipping Company)

해운회사란 선박소유자가 될 수도 있으나 선박소유자로부터 선박의 운항과 선원의 고용권을 위임받은 용선주(charter) 또는 선박관리업체(shipping management)도 이에 해당한다. 화물의 운송수단으로 선박을 사용하는 해운회사는 화주와의 계약으로부터 화물의 통관 및 검역 등 부수적으로 따라오는 제반업무를 처리해야 할 뿐만 아니라 선원, 여객 및 화물의 안전을 확보하기 위한 선박관리업무 및 선원을 고용하고 배승하는 등 인사관리업무도 수행한다. 특히, 해운회사가 경제적 이익만을 추구하고 선박관리를 소홀히 하거나 인건비를 절감하기 위한 목적으로 해기능력이 기준미달인 외국인 선원고용으로 인해 대형 선박 안전사고가 발생할 수도 있기 때문에 국제협약을 통해서 해운회사에 대한 법적 책임이 강화되고 있다.

3) 선원(Seafarer)

선박의 안전운항 및 운항 중의 화물관리 업무를 담당하는 선원은 해운업의 중추적인 역할을 담당하고 있다. 특히 해상에서 수 개월간 육상과 고립된 생활을 해야 할 뿐만 아니라 선박의 안전을 확보하기 위한 당직업무와 선체와 장비의 정비업무를 수행해야 하기 때문에 노동의 강도는 다른 직업군보다 높고 근로환경과 복지는 열악하다. 이러한 근로환경 문제는 선원의 피로를 가중하는 동시에 선박의 안전을 저해시키실 수 있는 인적요인(human element)의 원인으로써 선박과 선원의 안전을 위협하고 있다. 국제사회는 이 같은 문제를 해결하기 위한 선원의 교육·훈련, 당직근무, 승무기준 및 근로조건 등에 관한 국제협약을 채택하고 논의하는 등 선원의 안전보건을 확보하기 위해서 노력하고 있다.

4) 국가

해양의 일부(영해)는 영토와 같이 국가 영역으로서 법적 지위를 가지며[4] 선박은 국적제도에 의해서 국적을 부여한 기국이 국제법(조약 및 관습국제법)에서 달리규정하지 않는 한 배타적인 관할권을 인정받고 있다. 이와 같이 국가는 선박 또는 해양에 대한 관할권 그리고 이해관계에 따라 아래와 같이 달리 정의될 수 있다.

(1) 기국(Flag State)

선박에게 국적을 부여한 국가로서 해당선박에 대하여 배타적인 관할권을 갖는 국가를 말한다. 지금과 같은 국적제도는 17세기 영국의 항해조례에서 그 기원을 찾을 수 있다. 지금까지도 국제적으로 합의된 선박의 국적제도는 존재하지 않는다. 다만 유엔해양법협약 제91조에서는 국가가 선박에게 자국기를 게양할 수 있는 자격, 즉 국적을

4) 유엔해양법협약 제2조(영해, 영해의 상공해저 및 하층토의 법적 지위) 참조.

부여하는 국가와 선박 간에는 '진정한 관계(Genuine Link)'가 존재해야 한다고 규정하고 있다. 여기서 언급하고 있는 진정한 관계란 무엇인지 협약에서는 구체적으로 설명하고 있지 않지만 국제해양법재판소(International Tribunal of the Law of the Sea)에서는 기국이 국제해사협약상 선박검사 업무를 집행하고 행정적인 관리감독을 실시하는 것으로도 충분히 선박과 기국 간의 진정한 관계가 있다고 판단하고 있다. 일반적으로 기국은 비준 또는 가입한 국제해사협약에 따라 국제 책임(International Responsibility)을 갖는다.

그러나 국제항해선박은 기국의 관할 수역(내수, 영해, 접속수역 및 배타적 경제수역)을 벗어난 수역도 항해하기 때문에 선박이 어떤 국가의 수역에 있는가 또는 선박이 국제법상의 어떠한 위법행위를 했는가에 따라서 다른 국가가 선박에 대한 관할권을 행사할 수도 있다. 기국은 국제해사협약 이행에 있어서 가장 중추적인 역할을 담당하는 주체로서 기국이 가입한 국제해사협약에 따라 국적선의 안전을 확보하고 해양오염 보호의 의무가 있다.

(2) 항만국(Port State)

선박이 입항한 외국 항만이나 터미널이 위치한 국가를 항만국이라고 한다. 국제항해선박의 경우에는 화물이나 여객을 선적/하역 또는 승선/하선시키기 위해서 기국의 관할 수역을 벗어나 타국의 관할 수역을 항해한 후에 항만에 입항한다. 이처럼 선박이 기국의 항만이 아닌 타국의 항만이나 터미널을 관할 하는 국가를 항만국이라고 한다. 국제해사협약은 선박의 이동성을 고려하고 속지주의에 근거하여 선박에 적용되는 국제협약의 효과적인 이행을 목적으로 항만국 통제(Port State Control)를 규정하고 있다.

(3) 연안국(Coastal State)

유엔해양법협약에 따라 선박이 항해하는 수역의 관할권을 가지거나 인접한 기국 이외의 국가를 일컫는다. 즉, 국가는 입항, 정박 또는 통항하는 선박과의 법적 관계에 따라 기국, 항만국 또는 연안국의 지위를 달리 갖는다.

(4) 선원의 국적국 또는 선원 송출국(Seafarer Supplying State)

선박의 소유자(선주)와 국제적인 해운 회사는 대부분 선진국에 있기 때문에 인건비가 높은 자국민 선원보다는 인건비가 낮고 노동 인력이 풍부한 후진국의 선원을 선호한다.[5] 이와 같이 선박과 선원의 국적이 일치되지 않는 경우, 선원의 국적국 또는 거주국을 선원의 국적국 또는 선원 송출국이라고 한다. 기국이 선박에 대한 배타적 관할권을 가지고 있으며 선박의 국적과 선원의 국적을 분리한다면 선원에게 더욱 불리할 수 있는 상황이 발생할 수 있다. 따라서 국제적으로는 기국이 국적선에 승무하는 선원에 대해서도 배타적 관할권을 가지나 선원의 외교적 보호와 관련해서는 선원국적국도 기국과 동일한 관할권을 갖는다.[6]

1.1.3 기타 이행 당사자

1) 비정부 간 기구(Non-Governmental Organization)

다양한 비정부 간 기구(이하 'NGO')는 이해 당사자를 대변하는 단체 또는 감시자의 역할을 수행하기도 한다. 예를 들어서 국제적인 선주 또는 나용선주단체인 국제해운회의소(International Chamber of shipping, ICS), 국제선주협회(International Association of Independent Tanker Owners, INTERTANKO) 그리고 발틱국제해사협의회(Baltic and International Maritime Council, BIMCO) 등은 국제기구회의에 전문가 단체로 참석하여 회원사를 대표하는 비정부간 기구로서 활동하고 있다. 선원을 대표하는 세계적인 노동자 단체인 국제운송노동자연맹(International Transport Worker's Federation, ITF)에 소속된 근로감독관은 주기적으로 선박에 방문하여 선원의 근로조건과 선내복지를 확인하고 유기된 선원이 발생했을 경우에는 이해당사자에게 이를 신고하는 등 국제해사협약상의 선박소유자 의무를 이행하고 있는지를 감시하는 활동을 하고 있다.

5) 우리나라의 상황은 특별하다고 할 수 있다. 자원은 부족하여 산업은 물자의 수출입에 의존할 수밖에 없으며 남북이 분단되어 있어 육로가 막혀 있는 반도 국가이기 때문에 경제적, 외교적 그리고 국가안보적인 차원에서 해운산업은 없어서야 안 되는 주요산업이다.

6) 2006년 ILC의 외교보호초안 제5조(선원의 보호) 참조

2) 선급단체(Classification Society)

선급단체는 선박의 건조 단계부터 국제협약 및 국내법의 안전기준을 만족하면서 건조되고 있는가 또는 관리되고 있는가를 검사하는 민간전문기관이다. 초기 유럽의 선급단체는 자체적인 기준을 제정하고 집행하여 선박의 안전을 확인하는 업무를 수행했지만 국가들이 선박의 안전을 확보하기 위한 국내법을 제정하거나 국제협약을 채택함에 따라 국가로부터 선박검사의 업무를 위탁받아 대행하는 기관으로 역할을 수행하고 있다. 또한 선체 및 기자재와 같은 물적 규제뿐만 아니라 이를 관리하는 경영시스템의 심사와 선원의 근로조건 등 검사까지 국제해사협약의 규제범위가 확대됨에 따라서 이 단체의 역할도 점진적으로 확대되어 가고 있다.[7)]

3) 선원교육기관(Seafarer Training Institute)

과학기술 발전에 따라 선박의 설비 및 장비 등도 지속해서 발전하고 있다. 그러나 여전히 선박이 운항하기 위해서는 선원이 승무해야 하며 이들은 급변하는 선내 장비 운용에 친숙해야 할 뿐만 아니라 선박의 입 · 출항 및 항해와 관련한 업무들에 대한 지식을 갖추고 있어야 한다. 또한 선대가 증가함에 따라 대규모의 선원을 양성할 수 있는 선원교육기관을 각국이 설립하였으며 국제적으로 선원의 인적요인으로 인한 해양사고가 발생함에 따라 선원교육훈련 체계를 국제적으로 정립하고 해운업계가 필요로 하는 선원이 국제협약을 통해서 양성되고 있다.[8)]

7) 한국선급 홈페이지 참조(https://www.krs.co.kr/kor/)

8) 이와 관련한 내용은 제2편 제1장 선박직원법 참조.

1.2 국제기구

19세기 유럽에서는 국가 간의 상업적 교류가 활발해지고 사람의 이동이 증가하면서 필요에 따라서 공통적인 업무 또는 기술을 표준화하기 위한 초기 국제기구들이 등장하게 되었다. 무엇보다도 유럽 국가들은 제1차 세계대전을 경험하면서 국제법에 따른 지배의 필요성에 동감하게 되었으며 그 결과 국제연맹(League of Nations)과 국제노동기구(International Labour Organization, 이하 'ILO')가 설립되었다. 제2차 세계대전 이후에는 이러한 경향이 더욱 강화되어 국제연합(United Nation, 이하 'UN')과 전문기구(Specialized Agency)들이 설립되었다. 일반적으로 국제기구라 함은 국가들이 설립한 국가 간 조직을 말한다. 이와 반대로 산업체 또는 민간 단체들은 국제적 협력을 증진하고 이익을 대변하기 위한 목적으로 비정부간 기구(NGO)를 설립하기도 한다.

지금의 UN체제의 국제기구는 국제평화, 경제발전, 환경 및 인권 보호 등과 같은 국제사회의 관심 분야 또는 국제적인 협력이 강조되는 사안을 다루고 국가들 간의 협력을 증진하기 위한 목적으로 발전하였다. 해운업은 물류 이송의 중추적인 역할을 담당하는 산업으로서 20세기 초부터 국제기구 설립이 논의되었다. 현재 해운업에 가장 영향력이 있는 기구로는 IMO와 ILO가 있다. 모든 국제기구는 설립 목적, 담당 분야, 조직과 대외적인 권한 등을 규정하고 있는 설립협약을 근거로 활동한다. 국제기구의 권한은 이와 같은 협약에서 규정하고 있는 제한된 범위에서만 보장될 수 있으므로 독립 국가와 같은 국제법상의 완전한 주체로 활동할 수 없으며 제한된 범위에서 국제법 주체로 인정받고 있다.

1.2.1 IMO

1) 설립 배경

선박의 안전한 항해를 확보하기 위한 국제사회의 노력은 제1차 세계대전 종전 후 착수되었으나 가시적인 성과를 이끌어 내지 못했다. 제2차 세계대전 종전 후, 50개국의 대표가 미국 샌프란시스코에서 개최된 국제기구에 관한 국제연합회의(United Nations Conference on International Organization)에서 UN 헌장을 채택하였다. 이 회의에는 UN의 설립과 함께 국제사회에 상당한 영향을 끼칠 수 있는 사안을 전문적으로 다루기 위한 독립된 국제기구의 설립도 동시에 논의되었다. 특히, 제2차 세계대전 종전 후 국제연합구호 및 재건국(United Nations Relief and Rehabilitation Administration)이 선박톤 측정기준의 이행을 보장하기 위할 목적으로 연합해사자문위원회(United Maritime Consultative Council)를 설립했었다.

그러나 이 위원회는 단편적인 문제해결에 그치지 않고 선박과 관련한 기술적인 문제들을 다룰 수 있는 정부 간 상설 국제기구의 필요성을 UN 사무총장에게 제안하게 된다. 그 결과 임시해사자문위원회(Provisional Maritime Consultative Organization)가 해사분야의 국제기구 설립에 관한 국제협약초안을 작성하게 되었다. 그리고 이 초안을 기반으로 1948년 2월 19일부터 3월 6일까지 개최된 외교회의에서 정부 간 해사자문기구 설립에 관한 국제협약(Convention for the Establishment of an Inter-Governmental Maritime Consultative Organization)이 채택되었다. 그러나 동 협약은 국가들의 관심부족으로 인해 가입이 저조하여 발효되지 못하다가 마침내 1958년 3월 17일 발효되면서 IMO의 전신이 되는 정부 간 해사자문기구(Inter-Governmental Maritime Consultative Organization, 이하 'IMCO')가 출범하게 되었다.

IMCO가 설립될 당시만 하더라도 대부분의 선주국, 선원국 및 조선국이 유럽과 북미에 있었으며 이들이 주도하였기 때문에 일명 '선주클럽(ship owner's club)'이라고 불리기도 했다. 그러나 제2차 세계대전 이후, 독립한 신생국들이 IMCO에 가입하면서 자신들의 지위를 확보하고자 하는 노력과 함께 점진적으로 IMCO의 조직도 변하기 시작하였다. IMCO는 선박의 안전과 관련한 기술적인 문제만을 다루기로 함에 따라 UN무역개발위원회(UNCTAD)는 1965년 해운위원회를 설립하여 상업적인 문제를 다루기 시작하였다. 그리고 1975년 IMCO협약을 개정하여 기구명칭을 지금의 IMO로 변경하였다.

20세기 중반까지만 해도 IMO의 역할은 SOLAS협약을 통한 해상에서의 안전 및 항해의 효율성 증진에 중점을 두고 있었다. 그러나 1967년 토리 케년호(Torrey Canyon)기름유출 사고가 발생하면서 일부 선진국들의 해양환경보호주의로 인해 선박기인 해양오염문제가 IMO의 중요한 업무의 하나로 포함되면서 기능이 확대되었다.

〈토리 케년호 기름유출 사고〉

1967년 3월 18일 잉글랜드와 프랑스 사이의 해협에서 암초에 토리 케년호가 좌초하면서 약 3,100만 gallon의 원유가 유출되는 해양오염사고가 발생하였다. 이 사고는 기름유출로 인한 해양환경피해와 함께 당시 해운업의 많은 문제점을 여실히 보여주었다. 사고조사 결과, 그 원인으로 부실한 선박설계, 무리한 선박운항계획, 선원의 자질 부족, 미흡한 선박 운항 절차 등이 드러났다, 또한 다수의 이해당사자들이 복잡하게 얽혀 있었는데 토리 케년호는 미국의 Union Oil의 자회사가 소유권을 가지고 있었으나, 라이베리아 국적을 취득하고 있었으며, 영국의 BP Shell이 나용하고 있었으며 이탈리아 국적의 선원이 승선하고 있었다.

2) IMO 기능 및 조직

(1) 기능

IMO는 선박의 안전과 해양환경을 보호하기 위한 국제적인 협력을 강화하기 위한 국제적인 기능을 수행하고 있다. 이러한 목적을 달성하기 위한 국가 간의 논의가 이루어질 수 있는 포럼장을 제공하며 외교 회의를 통해서 채택된 선박의 안전 및 해양오염방지 협약들의 수탁자로서 역할과 함께 기술적인 내용을 담고 있는 약 80개의 코드(Code)[9)]를 채택하였다.

(2) 조직

IMO는 해상에서의 안전, 보안 및 해양오염 방지를 위한 국제기준을 제공하고 이행을 촉진시키기 위해 IMO 사무국과 함께 회원국으로 구성되는 총회(Assembly), 이사회(Council), 5개의 위원회(Committee)와 7개의 전문위원회(Subcommittee)로 구성되어 있다.

ⓐ 총회 : IMO 조직 내부적으로 IMO의 주요 사업, 목표 및 전략 등을 결정하는 최고 의결기관이다.

9) 국제법에서 코드(Code)란 일반적으로 기술적인 내용을 담은 문서로서 자체만으로는 협약과 같은 법적효력을 가질 수 없다. 그러나 IMO가 채택하는 규정의 대부분이 기술기준이고 신속하고 간략하게 개정이 이루어질 수 있도록 코드의 형태로 채택되고 있다.

ⓑ 이사회 : 상임이사국만이 참석하며 IMO의 주요 사업 계획을 수립하고 예산 배정 등을 결정한다.

ⓒ 위원회(Committee) : 총 5개

가) 해사안전위원회(Maritime Safety Committee, 이하 'MSC') : 선박설계 및 건조, 설비 등에 관한 국제 기준안을 논의하고 IMO 협약의 기술기준 등을 승인하고 채택하는 등의 업무를 수행한다.

나) 해양환경보호위원회(Maritime Environment Protection Committee, 이하 'MEPC') : 선박으로부터 해양오염방지 배출 기준 및 해양오염설비기준에 관한 국제 기준 초안을 논의하고 IMO 협약의 기술기준 등을 승인하고 채택하는 등의 업무를 수행한다.

다) 법률위원회(Legal Committee, 이하 'LEG') : IMO해사협약 및 기준과 관련한 법적문제에 논의하고 선박의 해양오염사고로 인한 피해보상과 관련한 IMO 협약의 이행을 위한 각종 매뉴얼을 개발하는 등의 업무를 수행한다.

라) 기술협력위원회(Technical Cooperation Committee, 이하 'LEG') : 개발도상국의 해사 분야와 관련한 기술지원 및 개도에 관한 협력 사업을 주요 의제로 논의하고 국가 간의 협력을 증진하는 사업을 수행한다.

마) 해상교통간소화위원회(Facilitation Committee, 이하 'FC') : 국제항해선박의 항만 입출항 시 요구되는 각종 서류와 수속절차를 간소화 또는 표준화하기 위한 기준을 논의하고 이와 관련된 IMO 협약의 개정안을 승인하고 채택하는 등의 업무를 수행한다.

ⓓ 전문위원회(Subcommittee) : 총 7개

가) 선박설계 및 건조 전문위원회(Sub-committee on Ship Design and Construction, 이하 'SDC') : 선박의 설계 및 건조 기준에 관한 기술기준을 논의하고 마련된 초안을 MSC에 상정하는 업무를 담당한다.

나) 선박체제 및 설비 전문위원회(Sub-committee on Ship System and Equipment, 이하 'SSE') : 선박의 시스템 및 장비에 관한 기술기준을 논의하고 마련된 초안을 MSC에 상정하는 업무를 담당한다.

다) 오염방지 및 대응 전문위원회(Sub-committee on Pollution Prevention and

Response, 이하 'PPR') : 해양오염방지와 관련된 기술기준을 논의하고 마련된 초안을 MEPC 또는 MSC에 상정하는 업무를 담당한다.

라) 화물 및 컨테이너 운송 전문위원회(Sub-committee on Carriage of Cargoes and Containers, 이하 'CCC') : 선박의 위험화물을 운송과 관련한 화물구역 및 컨테이너에 관한 기술기준을 논의하고 마련된 초안을 MSC에 상정한다.

마) 항해, 통신과 수색구조 전문위원회(Sub-committee on Navigation, Communication and Search and Rescue, 이하 'NCSR') : 선박의 안전항해와 관련한 통신에 관한 기술기준 및 조난 선박의 수색과 구조에 관한 기술기준을 논의하고 마련된 초안을 MSC에 상정한다.

바) IMO협약 이행 전문위원회(Sub-committee on Implementation of IMO Instruments, 이하 'III') : IMO 협약의 이행을 촉진 시키는 각종 지침서와 결의서 초안을 마련하여 MSC와 MEPC에 상정한다.

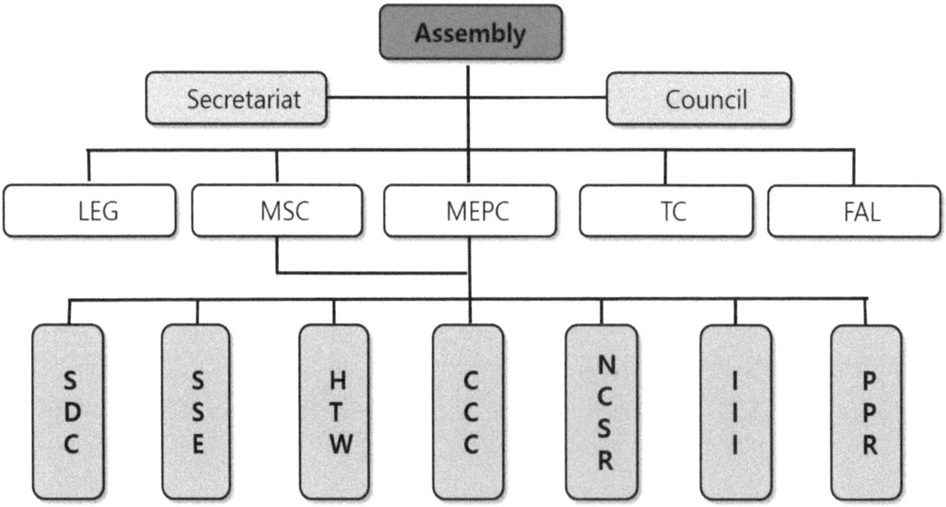

[그림 1-1] IMO 구조

사) 인전요인, 훈련 및 당직 전문위원회(Sub-committee on Human Element, Training and Watchkeeping, 이하 'HTW') : 선박의 안전 운항을 위한 선원의 인적 요인을 식별하고 선원의 해기능력을 증진하기 위한 각종 지침서와 결의서 초안을 마련하여 MSC와 MEPC에 상정한다.

1.2.2 ILO

1) 설립 배경

1919년 제1차 세계대전 이후 승전국과 패전국 간에 체결된 베르사유 조약(Treaty of Versailles)에 따라 사회정의를 구현하기 위한 목적으로 설립되었다. 1919년 개최된 제1차 국제노동총회에서 6개의 노동협약을 채택한 이후, 전 세계 노동자의 권익을 보호하기 위해 노력하고 있다. 오늘날 ILO는 전 세계 모든 노동자의 양호한 일자리 확보를 위해 노력하고 있으며 직장에서의 노동자 권리 향상, 양호한 고용 기회 증진, 사회보장 및 직업 관련 문제에 관한 소통 강화를 주요 목표로 두고 있다.

2) ILO 기능 및 조직

(1) 기능

① 노동자의 기본원칙과 권리의 증진

노동에 관한 국제협약 및 다양한 국제문서를 채택하여 노동인권 증진에 기여하고 있다.

② 노동자의 양호한 고용 및 급여 보장의 기회 제공

지속적인 빈곤, 분배의 불균형 및 반복적으로 발생하고 있는 경제 불황으로 인한 노동자의 고용불안정에 대응하기 위한 거시경제 정책을 통해 국제협력을 강화하고 국내 노동시장을 활성화하여 고용과 급여의 보장을 확보하는 데 기여하고 있다.

③ 효과적인 사회보장제도 강화

노동자는 적절한 사회보장제도를 받을 권리를 가지고 있으며 이러한 제도는 복지증진 및 광범위한 사회적 합의를 통해 이루어질 수 있다. 오늘날 단지 전체 지구 인구의 약 20%만이 사회보장제도를 보장받고 있으므로 ILO는 모든 전 세계 노동자가 사회보장제도를 통한 사회복지 수준이 증진될 수 있도록 노력하고 있다.

④ 삼자 간의 대화 증진

정부, 노동자 및 사용자의 대화와 타협은 노동문제를 해결하고 발전시켜 나가는 데 있어 매우 중요한 수단이다. ILO는 삼자 간의 대화를 증진시키기 위해 회원국에게 전문적인 자문역할을 수행하고 있다.

(2) 조직

① 노동총회(International Labour Conference)

ILO의 최고 의결기관으로서 회원국으로 구성되어 있다. ILO의 중요한 정책을 결정하거나 ILO 노동협약 및 권고를 채택한다.

② 집행이사회(Governing Body)

정부대표, 노동자대표 및 사용자대표로 구성되어 있으며 작업계획. 예산 등 ILO의 주요의제를 논의하고 기본적인 방향 등을 결정하여 총회에 보고한다.

③ 국제노동사무소(사무국)

ILO의 주요 조직운영과 관련하여 회의 준비, 회의보고서 작성 등의 모든 행정적인 업무를 수행하며 사무국장은 이 조직을 이끄는 수장직을 수행한다.

1.2.3 국제해사협약의 특징

1) 항만국 통제(Port State Control)

기국주의(Flag State)란 국제법에서 달리 규정하지 않는 한 공해상에 있는 선박의 배타적인 관할권이 선박의 등록국(Registry)에게 있음을 보장하는 제도이다. 그러나 국가 간의 물류 수송량이 증가하면서 외국 선박으로 인한 연안국 또는 항만국에게 막대한 피해를 발생시키는 해양사고도 빈번하게 발생하게 되었다. 그 결과 항만국에 입항하는 외국 선박을 상대로 국제협약상의 요건을 만족하는지를 점검하고 그 결과에 따라서 행정적인 조치를 할 수 있는 제도를 IMO 해사협약에 수용하였는데 이를 항만국 통제라고 한다. 동 제도는 IMO 해사협약에 보편적으로 수용되어 있는 제도로서 선박안전 확보와 해양환경보호에 기여하고 있다. ILO는 MLC에 이 제도를 수용함으로써 현재는 선원의 근로조건 및 복지 분야에까지 확대되었다.

그러나 항만국 통제를 항만국별로 실시한다면 선박 입장에서는 불필요하게 반복적이며 선원에게는 과도한 피로를 유발시킬 수 있기 때문에 효율성과 효과성을 고려한 항만국 통제를 실시하기 위한 목적으로 유럽의 14개국이 1982년 파리에서 항만국 통제를 위한 양해각서(이하 'MoU')를 체결하였다. 그 이후 지금까지 총 9개의 지역별 항만국 통제 지역협력체제가 결성되어 지역별로 통일화된 항만국 통제를 실시하고 있다.[10]

2) 비차별 조치(No More Favorable Treatment)[11]

조약은 국제법상의 하자가 없는 조약을 체결한 당사국 간에만 적용된다. 그러나 국제항해선박이 당사국 간에만 적용된다면 비당사국의 선박은 국적국의 협약 미가입을 이유로 선박에 적용되는 국제적인 안전, 환경 및 노동기준을 이행하지 않음으로써 국제해사협약의 목적을 달성할 수 없게 된다. 또한 국제법적 의무를 회피하기 위한 목적으로 선박

10) 전 세계 항만국 통제 MOU현황은 다음과 같다.
Paris MoU(1 July 1982) ; Acuerdo de Viña del Mar(5 November 1992) ; Tokyo MoU(1 December 1993) ; Caribbean MoU(9 February 1996) ; Mediterranean MoU(11 July 1997) ; Indian Ocean MoU(5 June 1998) ; Abuja MoU(22 October 1999) ; Black Sea MoU(7 April 2000) ; Riyadh MoU(30 June 2004).

11) 'No More Favorable Treatment'를 직역한다면 '비우호적인 조치'로 번역될 수 있지만 본서에서는 항만국 통제의 취지와 목적을 고려해서 '비차별 조치'로 번역한다.

의 소유자(owner of ship)가 비당사국의 국적으로 변경하는 등 불공정한 환경이 조성될 수 있기다. 이와 같은 이유로 IMO 및 ILO의 국제해사협약은 항만국 통제의 기본원칙으로 당사국의 선박과 동일하게 대우하는 비차별 원칙 조항을 규정함으로써 비당사국의 등록선박이 당사국의 선박보다 유리한 대우를 허용하지 않고 있다.

3) 국제해사협약의 발효 조건

국제협약이 채택되더라도 발효되지 않는 한 국제협약으로서의 법적 효력을 갖지 못한다. 선박에 적용되는 IMO와 ILO의 국제협약은 일반적으로 발효 조건으로 협약가입 의사를 전달한 당사국 수와 적용되는 선박 총톤수의 일정 비율 이상을 조건으로 규정하고 있다. 물론 발효 조건의 수치는 협약마다 상이하다.

예외적으로 추가적인 조건을 정하는 경우도 있다. 예를 들어서 「안전하고 친환경적인 선박재활용 국제협약(International Convention for the Safe and Environmentally Sound Recycling of Ships, 2009)」에서는 15개국 이상이 동 협약을 비준하고 비준국의 상선 선복량이 전 세계 상선 선복량의 40% 이상 그리고 지난 10년 동안 연간 최대 선박 재활용 합계 대비 3% 이상을 만족하도록 규정하고 있다.

SOLAS협약

2.1 소개

2.1.1 개요

IMO의 대표적인 선박안전에 관한 국제협약이다. 해상에서의 인명의 안전을 확보하기 위해서는 우선 선박의 안전이 전제되어야 한다. 1912년에 발생한 타이타닉호 사건을 계기로 서유럽과 북미를 중심으로 논의되어 최초의 「해상에서의 인명안전을 위한 국제협약(International Convention for the Safety of Life at Sea, 이하 'SOLAS협약')」이 1914년에 채택되었다. 이 협약은 선박의 구조, 설비 및 각종 기기의 설치기준 및 기능 그리고 기국의 의무와 항만국 통제 등에 관하여 규정하고 있으며 현재 가장 보편적인 선박안전에 관한 협약으로 이행되고 있다.

2.1.2 연혁

1914년 최초의 협약이 채택된 이후에도 1929년, 1948년 및 1960년에 채택되었으며 지금의 협약은 1974년에 채택된 협약이다. 1974년 SOLAS협약의 주 내용은 선박의 선체 및 구조에 관한 기술적인 설계 요건과 선박에 설치되어야 하는 각종 설비 및 장비의 목록과 함께 이러한 설비 등이 반드시 갖추어야 할 기능 그리고 선박검사 제도가 주를 이루고 있었다. 그러나 시대적 흐름에 따라 종전의 규정이 개정되거나 신규정이 추가되면서 현재와 같이 규제 범위가 확대되었다.

우선 위성통신시스템이 발전하면서 대양을 항해하는 선박의 안전을 확보하기 위한 해상조난 및 안전제도(Global Maritime Distress and Safety System, 이하 'GMDSS')가 협약 제4장에 수용되었다. 또한 1990년 후반에 들어서 종전의 물적 규제 강화에도 불구하고 지속적으로 발생하는 해양사고의 주원인인 인적요인을 강화하기 위해 국제안전관리기준(International Safety Management Code, 이하 'ISM Code')을 도입하거나 2001년 미국 뉴욕에서 발생한 9/11 테러로 인해 해상보안을 강화하게 위해서 국제항해선박 및 항만시설에 관한 국제기준(International Ship and Port Facility Security Code, 이하 'ISPS Code') 등을 도입하면서 인적 규제에 노력하고 있다.

지구의 환경변화에 따라 안전기준도 변모해 가고 있다. 예를 들어 지구 온난화로 인해서 북극의 빙하가 녹으면서 새로운 항로가 열리고 있다. 이 해역을 항해하는 선박의 안전을 강화하고 환경을 보호하기 위한 「극지에서 운항하는 선박에 관한 국제 기준(International Code for Ships Operating in Polar Waters, 이하 'Polar Code')」를 채택하였다. 또한 IMO 국제해사협약의 실효성을 확보하고 당사국의 집행력을 제고하기 위한 목적으로 자발적으로 시행하여 오던 회원국 감사 제도를 강제화했다. 현재는 제4차 산업혁명과 함께 인공지능을 갖춘 자율운항선박(Maritime Autonomous Surface Ships, 이하 'MASS')의 안전기준을 채택하기 위한 작업을 진행하고 있다.

2.1.3 구성

현행 SOLAS협약은 전문(Preamble), 본문(Article)과 총 15개의 부속서(Chapter)로 구성되어 있다. 그러나 협약과 관련된 기술 기준들이 협약과 연계되어 강제성을 가지고 있기에 광의적인 의미의 협약은 강제적으로 이행되는 Code도 포함된다.

1) 본문

SOLAS협약의 본문은 총 13개 조항으로 구성되어 있으며 국제만재흘수선협약과 SOLAS협약 선박검사제도의 조화로운 이행을 목적으로 한 1988년 의정서(Protocol)가 추가적으로 채택되기도 하였다. 일반적으로 협약의 본문은 당사국의 일반적 의무, 협약가입 절차, 발효 조건 및 개정 절차 및 폐기 등 협약 이행에 있어서 중대한 사항을 규정하고 있다.

2) 부속서

SOLAS협약 채택 당시에는 총 8개의 부속서로 구성되어 있었으나 필요에 따라 협약개정을 통해서 부속서(제9장부터 제15장)가 추가되면서 현재는 총 15장으로 구성되어 있으며 각 부속서의 주요 내용은 다음과 같다.

[표 2-1] SOLAS협약 부속서 구조 및 내용

부속서		주요 내용	선원업무와 관련한 내용
제1장	일반규정	협약의 적용범위, 용어정의, 선박검사 및 증서, 항만국 통제 및 해양사고 보고	협약 적용 선박, 선박검사 및 위임, 항만국 통제 관할권 등
제2-1장	건조-구조, 구획 및 복원성, 기관 및 전기설비	선박의 설계상 구조, 구획 및 복원성, 각종 기관설비 및 전기설비 등에 관한 기준	주기관, 발전기 원동기 등 각종 기관설비 및 기관실 배전반의 요건 등
제2-2장	건조-방화, 화재방지 및 소화	선박의 화재발생을 방지하고 화재시 신속하게 대피하기 위한 구조 및 신속하게 소화하기 위한 각종 소화설비에 관한 기준	연료유로 인한 화재방지 및 기관실 소화설비, 선원의 소화 훈련 등
제3장	구명설비 및 장치	선원 및 여객의 구조 및 퇴선을 위한 구명설비, 구조정 및 생존정의 설치 및 설비 등에 관한 기준	개인생존비품 및 선내 비상배치표와 선원의 퇴선 훈련 등
제4장	무선통신	선박의 항해구역에 따른 무선통신장비의 설치 기준, 통신장비의 요건 및 정비 그리고 해상조난 식별 부호 등에 관한 기준	선박의 무선설비의 비상전원 공급 등
제5장	항해의 안전	선박의 안전항해를 위한 기상서비스, 유빙의 감시, 수색 및 구조, 구명신호, 선박의 항로, 선박통항관제(VTS), 선교의 당직, 항해장비 설비, 항해정보기록장치(VDR), 도선사의 승강장치 및 조타장치의 점검 등에 관한 기준	선교의 항해 장비의 요건 및 장비 기준, 조타장치의 점검 시기 및 점검 사항 등

부속서		주요 내용	선원업무와 관련한 내용
제6장	화물의 운송	산적 및 일반화물, 곡물의 적재 및 양하와 관련한 안전 수칙(산적 액체, 산적 가스 및 다른 장에서 규정한 화물에 대해서는 적용 제외함)	산소 및 가스탐지장치의 설치와 관리 및 냉동컨테이너의 관리 등
제7장	위험화물의 운송	포장위험화물, 산적위험화물, 액화가스 화물의 적양하와 관련한 안전 수칙에 관하여 규정	위험화물의 취급과 관련한 안전수칙 등
제8장	원자력선	원자력선의 안전을 확보하기 위한 구조, 안전검사 및 증서에 관한 규정	원자로 관리 및 방사선에 대한 선원의 안전 수칙 등
제9장	선박의 안전운항을 위한 관리	ISM Code의 법적효력 발생을 위한 적용대상 선박 및 시행 일자, 증서발급에 관한 규정	회사의 안전관리체제의 이해 및 선박에서의 이행
제10장	고속선의 안전조치	고속선의 정의 및 고속선기준(HSC Code)의 이행을 위한 조치에 관한 규정	고속선의 각종 설비의 유지보수 및 안전조작 등에 관한 이행
제11-1장	해상안전강화를 위한 특별조치	산적화물선의 안전강화조치, 선박식별번호, 선박이력기록부(CSR), 해상보안에 관한 항만국 통제 등에 관한 규정	선박 및 항만 보안제도 및 현장에서의 이행
제11-2장	해상안전강화를 위한 특별조치	ISPS Code의 법적효력 발생을 위한 적용대상 선박 및 당사국의 의무, 항만시설의 요건 등에 관한 규정	선박 및 항만 보안제도 및 현장에서의 이행
제12장	산적화물선의 추가조치	산전화물선의 안전강화를 위한 구조요건, 추가적인 안전장치의 설치 및 검사 제도 등에 관한 규정	산적화물선 강화검사 대응
제13장	이행에 대한 검증	회원국 감사제도의 이행을 위한 채택된 IMO 기준이행기준(III Code)의 법적효력 발생을 위한 규정	IMO 국제해사협약을 이행하는 국내법에 따른 직무수행

부속서		주요 내용	선원업무와 관련한 내용
第14장	극지운항선박에 관한 안전 조치	결빙해역인 극지를 운항하는 선박의 안전을 강화하기 위해서 채택된 극지선박기준(Polar Code)의 법적효력 발생 및 추가적인 안전조치 적용 등에 관한 규정	극지운항선박에 추가적인 안전조치의 현장 이행 준수
第15장	12인 초과 산업인력을 운송 안전 요건	총톤수 500톤 이상의 화물선 및 고속화물선이 12인을 초과하는 산업인력을 운송하기 위한 안전 요건을 규정하고 있음	적용 선박에 승선하는 산업인력의 교육 요건 및 구명설비 및 안전 설비의 요건 등

SOLAS협약은 안전한 선박의 건조기준부터 안전운항을 위한 선박의 기술 기준 그리고 기술적인 기준의 현장 이행을 모니터링하기 위한 선박검사 및 항만국 통제에 이르기까지 그 범위와 내용이 방대하여 본서에서 전체를 다루는 데 한계가 있다. 또한, 해기사 실습생이 본서의 대상인 점을 고려해서 안전운항과 관련한 제9장(ISM Code), 제11장(ISPS Code) 및 제13장(III Code)만을 간략하게 서술하고자 한다.

2.2 협약 이행

2.2.1 적용 대상

1) 선박 및 항만시설

SOLAS협약의 일반적인 적용 대상은 제1장에서 규정하고 있지만 이 기준이 모든 부속서(장)에 일괄적으로 적용되는 것은 아니며 부속서마다 규정하는 설비 또는 대상이 다르고 개정 일자도 다르므로 부속서에서 별도로 적용 대상을 정하는 경우 그 기준에 따라 적용한다.

예를 들어서 제1장에서는 총톤수 500톤 미만의 화물선 및 보안을 목적으로 하는 군함, 어선, 비상업용 요트 등에는 적용 제외토록 하고 있다. 그러나 제9장에서는 「선박 안전운항과 오염방지를 위한 국제경영 기준(International Management Code for the Safe Operation of Ships and for Pollution Prevention, 이하 'ISM Code')」의 적용을 국제항해에 종사하는 모든 여객선과 총톤수 500톤 이상의 화물선 중 탱커와 고속선은 1998년 7월 1일부터 시행하고 그 이외의 화물선과 이동식 해상구조물은 2002년 7월 1일부터 적용한다고 규정하고 있다. 해상보안에 관하여 규정하고 있는 제11-2장의 경우에는 항만시설까지 보안 조치를 시행하도록 규정하고 있어서 제11-2장에 한해 항만시설에 적용한다.

2) 제외 대상

원칙적으로 국제항해선박에 적용된다. 그러나 국내항해에만 한정된 선박이 매매되어 타국에서 운항할 목적으로 국제항해를 일시적으로 해야 하거나 화주의 요청에 따라 외국으로 항해하는 경우가 발생할 수 있다. 이와 같이 협약에서 정하고 있는 예외적인 상황에는 적용을 제외하도록 규정하고 있다(제1장 제4규칙(a)).

신기술이 시범적으로 적용되어 실험적으로 운항하는 선박인 경우에도 SOLAS협약의 적용이 불가능하므로 제외된다. 그러나 해당 선박의 기국은 선박의 안전을 보장해야 하며 그 선박이 외국에 입항하기 위해서는 외국 정부의 동의가 있어야 가능하다. 이처럼 제외되는 선박의 상세 정보는 반드시 IMO에 통보되어야 하며 IMO는 통보 사실을 당사국과 공유해야 한다[제1장 제4규칙(b)].

3) 동등물의 인정

SOLAS협약에서 구체적으로 설비(또는 장비) 및 재료 등에 대해서 명시하고 있을지라도 당사국은 국내법으로 협약에서 규정하고 있는 이들과 동등한 효과를 가지고 있으며 협약상의 성능 기준에 따라 실시한 검사를 통해서 확인한 경우에는 동등물로 인정할 수 있다. 그러나 이러한 설비(또는 장비) 등은 항만국 통제의 대상이 되기 때문에 동등물을 인정한 당사국은 그 사실을 IMO에 통보해야 하며 IMO는 다른 당사국에게도 해당 정보를 회람시켜야 한다(제1장 제5규칙).

2.2.2 선박안전운항 관리(제9장)

1) 개요

SOLAS협약에는 기상, 유빙의 감시, 조난 선박의 수색 및 구조, 구명신호, 선박의 항로 등에 관한 선박안전운항과 관련한 시스템에 관한 규정(제5장 항해 안전)도 있으나 대부분은 선박구조, 설비 및 장비 등에 관한 기술기준을 담고 있다. 그러나 지속해서 해양에서의 선박사고가 발생하고 사고의 원인이 선박이 건조된 이후의 체계적이지 않은 선박관리, 육상과 선박간의 원활한 의사소통 부재, 육상과 선박간의 책임과 의무 등의 불명확한 구분으로 인해서 신속하게 의사결정이 이루어지지 못하는 경영문제 그리고 선내 조직의 관리 및 선원교육의 미흡 등 인적요인(Human Element)으로 인해 발생하고 있음을 인지하게 되었다. 이러한 문제를 해결하기 위한 방안으로서 권고 성격의 ISM Code를 총회 결의{Res.A.741(18)}로 채택되었다. 그리고 이 문서의 국제적 이행을 법제화하기 위해서 1994년에 SOLAS협약 제9장을 개정하였다.

SOLAS협약 제9장은 ISM Code의 이행을 위한 적용 범위, 관련 증서의 발급 및 선내 비치 및 당사국의 의무 등 기본적인 요건만을 규정하고 있으며 선박회사와 선박에 구축되어야 하는 안전관리체제(Safety Management System)는 ISM Code에 따라서 이행해야 한다.

2) ISM Code의 안전관리 요소와 이행

(1) 안전관리 요소

ISM Code는 Part A(강행 규정)와 Part B(권고 규정)로 구성되어 있다. Part A에 규정되어 있는 12개 요소는 반드시 회사가 구축해야 하는 안전관리체제에 반영해서 자율적으로 시행계획을 수립해야 한다. Part B에 속하는 4개의 요소는 당사국의 주관청이 Part A에 따라 회사와 선박을 심사하고 관련 증서의 발급에 관해 규정하고 있다. 당사국은 Part B를 고려해서 국내 법령으로 시행해야 하므로 사실상 강행 규정으로 이행되고 있다. ISM Code의 주요 내용은 [표 2-2]와 같다.

(2) 안전관리체제 구축

ISM Code는 국제항해에 종사하는 다음의 선박에 적용된다.

① 고속 여객선을 포함한 모든 여객선
② 총톤수 500톤 이상의 유조선, 화학제품 운반선, 가스운반선, 산적화물 운반선, 고속 화물선[12)]
③ 기타의 화물선 및 총톤수 500톤 이상의 해양구조물
그러나 이 협약은 비상업적 목적에 이용되는 정부소유의 선박은 적용되지 않는다. 상업목적의 선박이라 할지라도 총톤수 500톤 미만은 ISM Code의 적용이 제외되므로 1994년 SOLAS협약 당사국회의 결의를 통해 당사국으로 하여금 총톤수 150톤 이상 500톤 미만의 선박에 대해서도 ISM Code의 적용을 강력히 요청하였다.

(3) 안전관리체제 심사

회사는 ISM Code의 요건에 맞는 회사와 선박의 안전관리체제를 구축하여 당사국의 주관청 또는 인정기관으로부터 외부 심사를 받아야 하며 심사의 결과로 발급되는 관련 증서를 회사와 선박에 비치하도록 규정하고 있다. 선박은 선박의 안전관리를 담당하는 회사에 발급되는 안전관리적합증서(Document of Compliance, 이하 'DoC')의 사본

12) 최대속력이 다음 식으로 계산된 속력(m/sec) 이상인 선박
$7.16 \times \nabla^{0.1667}$ 또는 $3.7 \times \nabla^{0.1667}$ 단, ∇: 배수량(㎥)

과 선박을 대상으로 발급되는 선박안전관리증서(Safety Management Certificate, 이하 'SMC)'의 원본을 비치해야 한다.

회사는 이행을 증진하기 위해서 주기적으로 자체적인 내부 심사를 실시하여 부적합 사항을 찾아 시정 및 예방조치를 실시해야 한다.

[표 2-2] ISM Code 요소 설명

조항		요소항목	내용
A편 시행	1	일반사항	안전관리의 목표를 정하고, 안전관리 시스템을 구축하고, 실행하고, 유지할 것
	2	안전 및 환경보호 방침	회사의 안전관리목표를 달성하기 위한 방침을 명확히 설정할 것
	3	회사의 책임과 권한	선박안전과 환경보호에 관련된 업무를 수행하는 자들의 책임과 권한을 분명히 할 것.
	4	안전관리책임자	선박의 안전활동을 보장하고, 선박과 최고 경영층간의 교량역할을 위해 책임자를 지정할 것
	5	선장의 책임과 권한	선상안전활동에 관한 선장의 책임과 권한 및 권한을 명확히하고 문서화 할 것.
	6	자원 및 인원	선장을 포함한 자격 있는 선원을 배승하고, 교육·훈련하고, 선상안전활동을 위해 필요한 인적·물적·기술적 자원을 제공할 것
	7	선박 운항계획의 개발	안전운항과 환경보호에 관련된 주요 선상업무 지침의 개발하여 보급할 것
	8	비상대책	잠재적 비상상황을 식별해 내고, 비상대응계획을 세워 교육·훈련할 것
	9	부적합 사항, 사고 및 위험상황의 보고	안전관리시스템 실행과정에서 발견된 부적합사항, 발생된 사고 및 위험상황 등을 회사에 보고할 것
	10	선박 및 설비의 정비	강제법규 및 규정에 의해 선박 및 설비의 주기적 검사, 부적합 사항의 원인 색출 및 보고, 시정조치를 할 것
	11	문서화	육·해상의 안전관리에 관한 제반 사항을 문서화하고, 주요 업무의 수행절차를 마련할 것

	12	회사의 검증, 검토 및 평가	구축된 시스템에 따라 업무수행이 이루어지는지를 내부감사하고, 시스템의 유효성을 검토하고 평가할 것
B편 증서 발급 및 심사	13	증서 발급 및 정기적 검사	감독관청은 회사와 선박을 심사하고 적합증서와 선박안전관리증서를 발급하고, 정기적으로 심사할 것
	14	임시증서 발급	회사의 신설이나 선종이 변경될 경우 또는 특정 선박에 대해 임시증서를 발급할 것
	15	심사	심사는 IMO에서 개발한 지침에 의해 주관청이 인정하는 절차에 따라 수행할 것
	16	증서의 양식	증서는 부록에 제시된 양식에 따라 작성될 것

2.2.3 해상보안 강화 조치(제11-1장 및 제11-2장)

1) 개요

해양은 넓고 인간이 정착할 수 없는 환경이다 보니 선박의 안전 및 보안은 항시 위험에 노출되어 있다. 국제관습법상 해적은 공공의 적으로써 인식되었고 20세기에 들어서는 해상테러 사건[13)]이 발생하기도 했다. 2001년 미국 뉴욕에서 발생한 항공기 테러 사건(9/11테러 사건)은 해상보안을 강화하기 위한 국제법적 논의를 촉발시켰다. 당시 국제법적으로 항공기보다도 보안이 취약한 선박과 항만시설에 적용할 수 있는 국제협약이 존재하지 않았다. 항만시설은 항만국의 주권이 미치는 영토의 일부이지만, 외국 선박이 정박하는 시설이므로 국제사회의 통일된 조치가 이루어질 필요성도 있었다. 이에 IMO 내부적으로 해상테러를 방지하기 위한 보안 조치가 논의되어 제5장을 개정하여 선박자동식별장치를 조기에 설치하도록 하는 동시에 선박과 항만시설 보안에 관한 국제 기준(International Code for the Security of Ships and of Port Facilities, 이하 'ISPS Code')을 강제화하는 개정협약을 2002년 12월에 채택하였다.

13) 1985년에 발생한 아킬레 라우호(M/V Achille Lauro Hijacking) 피랍 사건 참조(https://en.wikipedia.org/wiki/Achille_Lauro_hijacking).

개정협약은 종전의 SOLAS협약 제11장을 분리하여 제11-1장은 개정 전 제11장의 규칙을 근간으로 하면서 선박식별번호제도(규칙 제9조)를 강화했고 선박의 국적, 실소유자, 선박관리사 등의 이력을 관리할 목적으로 선박이력기록부(Continuous Synopsis Record)를 신설하였다. 제11-2장은 선박 및 항만시의 보안을 강화하기 위한 ISPS Code를 강제화하기 목적으로 신설되었으며 세부적인 이행 조치는 Code에서 정하고 기본적인 당사국의 의무와 원칙만을 규정하고 있다.

2) 선박 및 항만의 보안 조치

ISPS Code는 ISM Code의 형식을 벤치마킹하여 Part A는 강제 규정이고 Part B는 권고 규정으로 구성되어 있다. 국제항해선박의 경우에는 선박운항의 형태를 보더라고 외국의 항만에 머무르는 시간이 국내항에 머무르는 시간보다 더 길고 선박과 항만의 관할권을 갖는 국가가 일치하지 않은 상황을 고려해서 선박과 항만 간의 보안등급을 동일하게 3단계로 구분하여 실시하도록 하고 있다. 즉, 선박과 선박 또는 선박과 항만 간의 보안 조치의 수준을 동일하게 유지하면서 보안 활동을 유지하도록 설계되었다. 물론 세부적인 보안 조치는 선박소유자와 항만시설관리자가 보안계획서를 수립해서 실시해야 하지만 당사국이 반드시 실시해야 하는 보안 조치는 ISPS Code에서 정하고 있다.

ISPS Code에 따라서 선박회사와 항만시설관리자는 각각 선박보안계획서와 항만시설보안계획서를 마련하여 기국과 항만국 또는 지정기관의 승인을 받아야 하며 선박은 ISPS Code에 따라 발급된 국제선박보안증서(International Ship Security Certificate)를 비치해야만 한다. 설사 유효한 증서를 비치하고 있을지라도 입항 전에 ISPS Code와 항만국의 법령에 따라 요구되는 사전 정보를 제공해야 할 의무가 있으며 SOLAS협약과 ISPS Code의 규정과 불합치하거나 명백한 위반 사항이 발견되었을 경우, 입항불허, 선박의 이동 명령 또는 출항 정지 등과 같은 행정적인 조치를 항만국이 행사할 수 있는 권한을 명시하고 있다.

특히, 이러한 ISPS Code상의 조치는 선박의 불법적인 이용, 해상테러의 위협, 보안이 취약하여 타 선박과 항만에게 위험하거나 또는 위험에 노출시킬 수 있는 요인을 사전에 차단하기 위한 예방적인 활동으로서 큰 의의를 갖는다.

2.2.4 당사국의 국제협약 이행 준수 강화 제도(제13장)

1) 개요

국제협약이 지향하는 목표 달성의 성패는 전적으로 당사국의 이행 노력에 달려있다. 분권화된 국제사회에서 집행기관은 당사국이며 이를 통제할 수 있는 강력한 사법기관의 부재(물론 국제법원 또는 재판소는 있지만)로 인해서 분쟁이 발생할 수 있다. 이러한 문제를 국제법적으로 해결하기 위해서 국제기구와 국제사회는 노력하고 있으며 IMO도 설립 당시부터 국제협약 이행을 강화하기 위해서 노력하고 있다. 당사국의 국제협약 이행 책임을 강화하기 위해서 「IMO 규제 이행 코드(IMO Instruments Implementation Code, 이하 'III Code')」를 2013년 총회 결의(Res.A.1070(28)로 채택했으며 이 코드를 강제 이행하기 위한 SOLAS협약 개정안을 2014년 5월 22일 MSC 결의{Res.MSC.366(93)}로 채택함에 따라 IMO가 관장하는 주요 협약에 대한 국가 이행을 감사(audit)하는 제도(이하 '당사국 감사 제도')를 2016년 1월 1일부터 시행하게 되었다.

2) 당사국 감사 제도

SOLAS협약의 당사국은 협약의 준수 및 이행 여부를 확인받기 위하여 III Code에 따라 IMO로부터 정기적인 감사를 받아야 한다. IMO는 공정한 감사를 실시하기 위하여 당사국 감사 제도의 절차를 담고 있는 별도의 지침서를[14] 채택하기도 하였다. 당사국은 이 지침서에 따라 IMO가 정한 주기적인 계획을 기반(일반적으로 5년에서 7년 주기로 실시)으로 당사국과 IMO 간의 상호협력의향서를 체결하고 당사국과 IMO의 감사팀이 협의하여 일정 등을 정하여 실시한다. 당사국 감사 제도는 IMO 국제협약의 이행을 증진시키기 위한 목적을 가지고 있으므로 회원국이 가입한 협약의 국내이행법률, 그리고 국내법률의 실효성을 확보하기 위한 여러 조치(예, 선박검사 및 항만국 통제, 국가가 민간 기관에게 대행한 범위 및 절차 등), 국내 법령 위반행위에 대한 처벌 규정 및 집행력 등 이행강화를 위한 국내법령을 대상으로 실시한다. 감사팀에 의해서 지적된 사항은 수검국이 개선조치 계획의 제출과 함께 결과를 감사팀장에게 제출해야 한다. 감사가 종결되면 지적된 내용과 당사국의 평가 내용 등을 담은 보고서가 IMO에 전달되며 이 결과보고서를 기초로

14) Res.A.1067(28) - Framework and Procedures for the IMO Member State Audit Scheme.

국가 이행을 증진하기 위한 경험과 교훈을 IMO의 사무국장이 요약 · 정리하며 당사국과의 합의하에 공개된다.

정리하기

★ SOLAS협약이 갖는 국제법적 의의는 무엇인지를 논의하고 발표하기.

★ 최근 SOLAS협약 개정 동향을 조사해 보고 미래의 선박운항형태에 대해서 토론하고 발표하기.

〈IMO 해사협약과 당사국 감사 제도의 발전〉

1967년에 발생한 토리 캐년호 사고는 해양오염의 국가관할권 뿐만 아니라 편의치적국제도와 선박의 안전을 개선하기 위한 노력이 절실하게 요구하게 되었다. 이로 인해서 MARPOL협약과 STCW협약이 채택되었는데 특히, 1995년 STCW협약 본문 제4조는 당사국에게 정보의 전달에 관한 규정을 두어 국내법 수용 현황, 선원들에게 발급된 증서와 관련된 교육내용 및 국가자격 시험 등에 관한 정보 및 증서의 견본을 사무총장에게 전달하도록 하는 의무를 규정하고 있다. 당사국으로부터 제공된 정보는 해사안전위원회에서 검토하고 적절하게 이행하고 있다고 평가된 국가는 소위'백색목록(White List)'에 등재되어 당사국들에게 회람시키는 IMO 최초의 협약 이행 모니터링 제도라고 평가할 수 있다.

그러나 다른 IMO 협약들에는 이와 같은 모니터링 제도가 규정되어 있지 않았기 때문에 IMO에서는 장기간 협약의 이행 증진을 위한 제도 마련에 노력을 기울였다. 1990년 후반부터 본격적인 논의가 IMO 내부에서 진행되었는데 초기에는 강제성을 가진 제도가 아닌 자발적인 참여를 기반으로 한 회원국 감사 제도를 시행했었고 회원국의 참여가 매우 저조하여 사실상 유명무실해졌다. IMO협약의 실효성을 강화하고 이행 증진을 위해서는 협약당사국의 모니터링이 필수적으로 필요했기 때문에 2013년 SOLAS협약을 개정하여 지금의 당사국 감사 제도(IMO Member State Audit Scheme)가 마련되었다(SOLAS협약 제13장 참조). IMO 회원국 중 IMO 협약 중에서 선박의 안전 및 해양환경보호와 밀접한 관련이 있는 총 10개 협약들의 당사국은 감사(audit) 제도의 대상이 된다. 따라서 국제협약상의 의무를 국내법적으로 적절하게 입법화하여 집행하고 있는지에 대해서 종합적으로 평가를 받아야만 한다. 이러한 제도를 통해서 IMO협약 당사국(기국 및 항만국의 기능)의 협약 이행을 강화시키고 궁극적으로는 선박의 안전과 해양환경보호의 개선을 기대할 수 있게 되었다.

STCW협약

3.1 소개

3.1.1 배경

토리 캐년호 사고와 같은 편의치적선들에 의한 해양사고가 급증함에 따라, IMO는 SOLAS협약과 같은 물적 규제에서 인적인 규제에 새롭게 관심을 기울이게 되었다. 당시 국가마다 상이한 선원의 교육시스템과 증명제도로 인해서 현장에서 필요로 하는 최소한의 해기능력을 담보할 수 없었고 이로 인해서 선박의 안전이 크게 위협받고 있었다. 이와 같은 국제적인 문제를 해결하기 위한 조치로서 1978년 선원의 훈련, 자격증명 및 당직근무의 기준에 관한 국제협약(International Convention on Standards of Training Certification and Watchkeeping for Seafarers, 1978, as amended, 이하 'STCW 협약')이 채택되었다.

3.1.2 연혁

채택 당시부터 협약 체계와 서구사회 중심의 해기사 양성 체제의 일방적인 도입 등이 문제점으로 제기되었고, 협약이 시행되는 과정에서는 당사국의 재량이 폭넓게 인정되는 규정 때문에 오히려 통일된 기준을 마련하겠다는 IMO의 의도가 무색해졌다는 비판도 있었다.

이에 따라 1993년 제24차 STW(이 전문위원회는 현재의 HTW로 변경되었음)회의부터 이 협약에 대한 전면적인 검토와 개정 작업이 시작되었고 그 결과 1995년에 채택되어

지금의 협약으로 발전하였다. 1995년 전면 개정 이후 STCW협약 및 Code는 15년 주기로 개정 작업이 진행되고 있으며 지난 2010년 6월에 필리핀 마닐라에서 개최된 STCW 협약 외교 회의에서 개정협약이 채택되었다. 현재 2027년 작업 완료를 목표로 개정 작업이 진행되고 있다.

3.1.3 구성

1995년 개정협약의 본문은 원협약과 동일하게 전문 및 17개 조문으로 구성되어 있다. 그러나 6개장으로 구성되어 있던 부속서는 8개장으로 확대되었고, 여기에 2개의 코드(Code A 및 Code B)가 추가되었으며 Code A는 강행규정이지만 Code B는 당사국에게 법적효력이 없는 권고의 성격을 갖는다.

본문을 제외한 부속서에서는 선원의 직무에 따른 최저요건을 정하고 있으며 그러한 요건을 충족하기 위한 해기능력, 지식, 이해 및 기술, 증명 방법 및 평가 표준을 Code A에서 정하고 있다. Code B는 부속서와 Code A를 이행함에 있어서 고려되어야 할 세부적인 내용을 담고 있다.

STCW협약에 포함되어 있지는 않지만 이 협약에서 규정하고 있는 교육과정을 시행함에 있어서 해기품질을 확보하고 국가 간의 균등한 선원교육을 시행할 수 있도록 모델코스(Model Course)를 MSC에서 채택하고 있다. 이 문서는 법적 구속력이 없는 문서지만 IMO 내에서 논의되고 MSC에서 결의로 채택되고 있으므로 당사국과 이해당사자들은 충분히 이 문서를 고려하여 국내 실정에 적절한 교육과정을 개발해야 할 필요성이 있다.

[표 3-1] STCW협약 개요

목차	제1장	제2장	제3장	제4장
	일반규정	선장과 갑판부	기관부	무선통신 및 무선통신사
주요내용	용어정의, 증서와 자격기준, 통제절차, 품질기준, 시뮬레이터의 이용 등	총톤수 500톤 이상/미만 당직항해사의 최저자격요건, 유능부원(able sea-farer) 및 당직부원의 자격요건 등	추진동력 3,000 kw 이상/미만의 당직 기관사의 최저자격 요건, 유능부원(able seafarer) 및 당직부원의 자격요건, 전자기관의 최저요건 등	GMDSS 무선통신사의 자격증명에 관한 최저요건
Code A	▪ 제1장의 이행을 위한 강행 규정	▪ 제2장의 이행을 위한 강행 규정	▪ 제3장의 이행을 위한 강행 규정	▪ 제4장의 이행을 위한 강행 규정
Code B	▪ Code A의 목차와 동일하게 구성 ▪ Code A 제1장의 이행을 위한 권고 규정	▪ Code A의 목차와 동일하게 구성 ▪ Code A 제2장의 이행을 위한 권고 규정	▪ Code A의 목차와 동일하게 구성 ▪ Code A 제3장의 이행을 위한 권고 규정	▪ Code A의 목차와 동일하게 구성 ▪ Code A 제4장의 이행을 위한 권고 규정

목차	제5장	제6장	제7장	제8장
	특정 선박 종사자에 대한 특별 훈련 요건	비상, 안전, 보안, 의료 관리 및 생존	다기능 해기사 자격 증명	당직 근무
주요내용	탱커의 선장, 해기사 및 부원의 훈련과 자격요건 여객선의 선장, 해기사, 부원 및 기타 종사자의 훈련과 자격에 관한 최저 요건 등	선원의 안전교육, 생존정, 구조정 및 고속구조정의 적임증명서 발급 최저요건, 상급소화훈련의 최저요건, 선박보안책임자(ship security officer) 및 선원의 보안교육 최저 요건등	다기능해기사의 자격증명 및 증명서의 발급 등	당직근무의 적합성, 당직배치 및 원칙 등
Code A	▪ 제5장의 이행을 위한 강행 규정	▪ 제6장의 이행을 위한 강행 규정	▪ 제7장의 이행을 위한 강행 규정	▪ 제8장의 이행을 위한 강행 규정
Code B	▪ Code A의 목차와 동일하게 구성 ▪ Code A 제5장의 이행을 위한 권고 규정	▪ Code A의 목차와 동일하게 구성 ▪ Code A 제6장의 이행을 위한 권고 규정	▪ Code A의 목차와 동일하게 구성 ▪ Code A 제7장의 이행을 위한 권고 규정	▪ Code A의 목차와 동일 게 구성 ▪ Code A 제8장의 이행을 위한 권고 규정

3.2 협약 이행

3.2.1 적용 선박

1) 당사국 선박

항해선(Ocean-going Ship)15)에 승무하는 선원에게 적용하지만 어선, 레저용 요트 또는 원시적인 목선의 선원은 적용제외 된다. 군함(보조함을 포함) 또는 국가가 소유했거나 관리하면서 비상업적으로 운항되는 선박도 제외된다. 그러나 당사국은 선박의 안전운항을 확보하기 위해서 이들 선박에 근무하는 선원에게도 STCW협약이 적용되는 선원과 같은 해기능력을 확보할 수 있도록 적절한 조치를 해야 할 의무가 있다.

따라서 군함 또는 국가소유선박에서 근무하는 해군 또는 공무원이라 할지라도 이 협약이 적용되는 선박에서 근무하는 선원과 비교해서 동등한 해기능력을 갖추도록 국내법으로 규정하거나 이 협약에 따라서 해기능력을 확보하고 있음이 증명되어야 한다.

어선은 적용 제외되므로 어선원에게는 이 협약을 적용하지 않는다. 어선의 주목적은 어로행위로서 어떠한 어업에 종사하는가에 따라서 다양한 장비를 설비하고 있으며 상선원의 직무와도 차이가 있으므로 이 협약을 적용하는 것이 불합리하다. 어선원은 각종 위험에 노출되어 있고 상선원보다도 안전에 취약한 업무 특성을 고려하여 1995년에 「어선원의 훈련·자격증명 및 당직근무의 기준에 관한 국제협약(International Convention on Standard of Training, Certification and Watchkeeping for Fishing Vessel Personnel, 1995)」이 채택되어 2012년 9월 29일 발효되었다.

2) 외국 선박

당사국의 관할 항만에 입항하는 외국 선박의 외국인 선원은 이 협약 부속서1 규칙 제Ⅰ/4조에 따라 항만국 통제의 대상이 되므로 협약에서 규정하고 있는 증명서(또는 완화증서) 등을 소지하고 있는지 확인하는 검사의 대상이 된다. 그리고 소지한 증명서(해기면

15) STCW협약 본문 제2조 (g)에서는 '항해선'을 내수면에서 운항하거나 폐쇄된 수역, 항만규칙이 적용되는 지역이거나 수역 또는 인접해 있는 수역 밖을 항해하는 선박으로 정의하고 있다.

허증, 승무자격증 및 교육이수증 그리고 기타의 자격증)와 기국이 발급한 최소안전승무증서(Minimum Safe Manning Certificate)와 일치하는지 검사를 받게 된다.

당사국이 국내법으로 다른 당사국의 관할 수역을 포함하는 연안항해(Near-coastal Voyage)를 정의하거나 연안항해 규정에 따라 이익을 갖는 외국 선박이 있을 경우에는 세부사항을 명시한 협정을 체결하여야 한다. 그리고 당사국이 이 협약에서 정의하고 있는 연안항해에 한정하여 발급한 한정면허는 협정을 체결한 다른 당사국의 연안항해에 범위 내에서 승무하는 것을 인정한다.

따라서 협정에 따른 연안항해를 벗어나 항해하는 외국 선박이 당사국의 관할 항만에 입항할 경우에는 비차별원칙에 따라 항만국 통제의 대상이 되므로 이 협약에서 요구하고 있는 유효한 각종 증명서를 소지하고 있어야 한다.

생각해 보기

STCW협약의 연안항해의 정의를 고려해서 제2편 국내해사법령 제1장 선박직원법상의 연안수역의 의미를 생각해 보자.

3.2.2 선원의 자격증명

1) 해기사면허증(Certificate of Competency)

해기사면허증은 이 협약의 부속서 제Ⅱ장, 제Ⅲ장, 제Ⅳ장 또는 제Ⅷ장의 규정을 충족하는 해기사에게 발급되거나 배서(Endorsement)되는 서류다. 유효한 이 증서를 소지한 해기사는 증서에 명시된 선내 직무를 수행할 수 있음을 법적으로 인정받게 된다. STCW 협약은 연안항해에 있어서 해기사의 자격증명을 제한하고 있다.

해기사면허증은 응시자가 교육받고 최소 승무 경력과 직무수행에 적절한 건강 상태와 신체조건과 같은 소정의 근무조건을 만족하며 평가(시험)에 합격한 사람에게만 당사국만이 발급할 수 있다. 그러나 선원이 해기사면허증을 발급한 국가(또는 선원이 교육훈련을 받고 소정의 시험에 합격하여 선원이 해기사면허증 발급을 신청할 수 있는 국가)의 선박에서만 근무하는 것이 아니고 STCW협약의 당사국에 등록된 외국 선박의 승무도 허용하기 위해서 당사국 간의 해기사면허증을 인정하는 협정(다자, 쌍무 또는 편무)을 체결하기도 한다. 이에 따라 협정에 따라 당사국 간에는 다른 당사국이 발급한 해기사면허증을 소지한 해기사에게 승무자격증(Endorsement of Recognition)을 발급할 수 있으며 이 승무자격증을 소지한 외국인 선원은 협정 당사국에 등록된 선박에 승무할 수 있다.

이와 같은 STCW협약 당사국간의 해기사면허증을 상호인정할 수 있도록 허용한 것은 STCW협약에 따른 교육훈련의 품질이 동일하다는 조건이 만족되었기 때문이다. 부원의 경우도 해기사와 유사하게 STCW협약에 따른 교육이수증을 소지했을 경우에 이를 인정하고 승무자격증을 발급함으로써 협정국의 선박에 승무할 수 있다.

2) 적임증명서(Certificate of Proficiency)

이 증서는 협약에서 규정하는 훈련, 해기능력 또는 승무경력과 관련한 요건을 충족하고 있음을 증명하는 서류로서 정부가 위임했거나 인정한 경우에 한해서 교육훈련을 제공한 교육기관에서도 발급할 수 있다.

3) 그 밖의 증빙서류(Documentary Evidence)

앞에서 언급된 서류는 아니지만 선원의 경력 또는 자격증명을 위한 목적으로 선박소유자 또는 선장이 발급하거나 서명해주는 서류를 말한다. 예컨대, 선내에서 실시되는 친숙화 훈련 및 각종 법정훈련을 증빙하는 서류가 여기에 해당한다.

3.2.3 해기 품질 평가

이 제도는 1995년 개정협약에서 신설되었다. 선원의 교육은 당사국의 주관청이 직접수행하지 않고 민간전문교육기관을 지정하거나 정규교육과정에 해기사 양성교육과정을 반영하여 실시하는 것이 일반적이다. 무엇보다도 협약에서 규정하고 있는 해기교육과정과 내용이 충실하게 현장에서 실시되고 있는지를 당사국의 주관청이 주기적으로 모니터링함으로써 협약의 실효성을 확보하기 위한 목적이 있다.

이와 같은 해기품질평가는 Code A 제A-Ⅰ/8조에 따라서 수행되어야 하며 이 협약에서 규정하고 있는 교육훈련, 평가 및 자격증명 전반에 걸쳐서 독립된 평가가 5년 이내의 간격으로 수행되어야 하며 평가와 관련된 정보는 IMO 사무총장에게 전달되어야 한다.

3.2.4 원격 교육

2010년 개정협약은 IT 기술 발전을 반영하여 원격 교육 시행에 관한 법적 근거를 마련하였다. Code A 제A-1/6조에서 규정하고 있는 훈련 및 평가에 대한 기준을 인터넷 기반의 교육을 포함한 원격 교육을 통해서 시행할 수 있다. 이러한 교육이 종전의 STCW협약을 만족시키고 있다고 인정할 수 있는 요건들을 Code B 제B-1/6조에서 상세하게 기술하고 있다. Code B는 권고지만 이행 정도와 필요성에 따라 Code A로 상향하여 강제화하는 개정 방식을 취하고 있으므로 당사국은 Code B를 고려하여 교육프로그램을 개발해야 할 것이다.

3.3 주요 내용

3.3.1 기관사 최저요건

1) 기관사

해기사의 자격 요건은 관리급(Management Level)과 운항급(Operation Level)으로 구분되며 항해선에서 근무하는 기관사 요건은 3개(관리급 2개+운항급 1개)로 구분되어 있으며 다음과 같다.

[표 3-2] STCW협약상 기관사 최저 요건

직책	주기관 출력	최소 요건	관련 조항
관리급 기관사 (기관장 및 1등 기관사)	3,000 kW 이상	▪ 3,000 kW 이상의 당직기관사로서의 자격요건을 충족하면서 · 1등 기관사로서의 자격증명을 위해 기관사로서의 12개월 이상의 승무경력 충족 · 기관장으로서의 자격증명을 위해서는 36개월 이상의 승무경력(12개월 이상의 1등 기관사 승무경력이 있을 경우에는 24개월로 단축이 가능)을 갖추고 ▪ Code A 제A-Ⅲ조/2조 해기능력기준 충족	제3장 제Ⅲ/2조
관리급 기관사 (기관장 및 1등 기관사)	750 kW ~ 3,000 kW	▪ 당직기관사로서의 자격요건을 충족하면서 · 1등 기관사로서의 자격증명을 위해서 기관사로서의 12개월 이상의 승무경력 충족 · 기관장으로서의 자격증명을 위해서는 24개월 이상의 승무경력(12개월 이상의 1등 기관사 승무경력 포함) ▪ Code A 제A-Ⅲ조/3조 해기능력기준 충족	제3장 제Ⅲ/3조
운항급 당직 기관사 (유인당직 또는 무인당직 선박)	750 kW 이상	▪ 18세 이상 ▪ 승인된 훈련과정 이수(육상공장+선박실습훈련=12개월 이상 포함) 또는 육상공장+승무경력이 36개월 이상으로서 최소 기관부원 30개월 승무경력이 포함되어야 함 ▪ 최소 6개월 이상 기관당직 승무경력 ▪ Code A 제A-Ⅲ조/1조 해기능력기준 충족 ▪ 기초안전 및 상급안전교육 이수	제3장 제Ⅲ/1조

2) 전자기관사(제3장 제Ⅲ/6조 및 Code A 제A-Ⅴ/6조)

마닐라 개정협약에서는 과학기술 발달에 따른 선내 전자장비의 설치가 증가하고 안전운항적인 측면에서 최신전자장비에 대한 기관사의 해기능력이 부족한 것을 고려해서 전자기관사(운항급) 면허제도와 함께 자격 요건을 신설하였다.

[표 3-3] 전자기관사의 최저 요건

주기관 출력	최소 요건	관련 조항
750 kW 이상 (운항급 해기사)	▪ 18세 이상 ▪ 승인된 훈련과정 이수(육상공장+선박실습훈련 12개월 이상 포함) 또는 육상공장+승무경력이 36개월 이상(기관부원 30개월 승무경력 포함) ▪ Code A 제A-Ⅲ조/6조 해기능력기준 충족 ▪ 기초안전 및 상급안전교육 이수	제2장 제Ⅲ/2조

3) 해기사면허증의 유효기간(제1장 제Ⅰ/2조 및 Code A 제Ⅰ/1조)

선원의 안전보건을 증진하고 지속적으로 선내 근무에 적합한 해기능력을 유지하고 있는지를 모니터링하기 위해 해기사면허증의 유효기간은 5년을 초과하지 않는 범위에서 발급하도록 규정있다.

해기사면허증의 갱신은 적어도 최소한 다음의 승무경력을 증빙할 수 있어야 한다.

ⓐ 최근 5년 동안에 12개월 이상의 승무경력 또는,

ⓑ 갱신 직전 최근 6개월 동안에 3개월 이상의 승무경력

위 조건과 동등한 승무경력이 인정되는 국내법령으로 승인된 시험에 합격하거나 승인된 훈련 과정을 수료한 경우에도 해기사면허증의 갱신은 허용된다.

3.3.2 공통적인 교육 및 훈련 요건

1) 안전교육(제6장 제Ⅵ/1조 및 Code A 제A-V/1조)

선원의 안전보건을 증진하고 위험상황에서도 최소한의 안전을 보장할 수 있는 해기능력을 확보하기 위한 안전교육은 선원의 승무 전 최저요건이다. 선원의 안전을 강화할 목적으로 2010년 마닐라개정협약은 안전재교육을 신설하였다. 따라서 모든 선원은 5년을

초과하지 않는 간격으로 모든 안전교육(기초안전 및 상급안전교육)을 재이수해야만 선내 근무가 가능하다.

2) 선박보안인식교육(제6장 제Ⅵ/6조 및 Code A 제A-V/6조)

SOLAS협약의 당사국은 선박 및 항만보안을 강화하기 위한 목적으로 2002년 12월에 SOLAS협약 개정을 통해 ISPS Code를 도입하였다. 이 국제기준은 선박의 보안을 강화하기 위해서 선박보안책임자(Ship Security Officer)와 총괄보안책임자(Company Security Officer)를 선박과 회사에 각각 지정하고 ISPS Code에 따른 직무를 수행하도록 규정하고 있다.

해상테러의 위협과 함께 소말리아 해역에서 발생하는 해적사건이 급증하면서 선원의 생명과 안전이 심각하게 위협받자 마닐라 개정협약에서는 모든 선원의 보안인식교육을 신설하면서 종전의 ISPS Code상의 선박보안책임자 교육과 조화를 이룰 수 있는 과정을 신설하였다.

우선 선박보안책임자로 지정받고자 할 경우에는 12개월 이상의 승무경력과 함께 이 협약에 따른 교육을 이수했다는 적임증명서를 발급받도록 하였으며 교육내용은 ISPS Code의 내용을 반영하였다(상급보안과정). 그 밖의 선원에 대해서는 보안업무를 지정받는 자(중급보안과정)와 보안업무에 관여하지 않는 자(초급보안과정)로 직무위주로 구분하고 교육내용도 직무 중심으로 구성하여 실시하도록 규정하고 있다.

3) 리더십 및 팀워크 교육(Code A Table A-Ⅱ/1 & 2, Table A-Ⅲ/1 & 2)

해양사고는 충돌, 좌초 및 전복 등의 해상교통사고가 대부분을 차지하고 있으며 이와 같은 사고는 선박의 기계적 결함으로 인해서 발생하기보다는 선원, 육상종사자들의 과실, 부주의, 착오 또는 법규 위반과 같은 인적요인(human element)으로 인한 원인이 대부분을 차지하는 것으로 조사되고 있다.[16)]

1995년 개정협약 Code B에는 이와 같은 이유로 인적요인으로 인한 해양사고를 예방하기 위해 선교자원관리교육(Bridge Resource Management Course) 또는 기관실자원

16) 중앙해양안전심판원의 해양사고 통계 참조(www.kmst.go.kr).

관리교육(Engine room Resource Management Course)을 규정하고 있었다. Code B의 성격으로 인해 국제적으로 강제화되지 못했지만, 마닐라 개정협약 논의 시 Code A에 리더십 및 팀워크 교육요건을 신설하면서 인적요인에 대한 교육이 강제화되었다. 동 교육과정은 모든 해기사가 대상이 되며 직무에 따라 관리급 및 운항급으로 분리되어 실시되고 있다.

4) 건강진단(제1장 제Ⅰ/9조 및 Code A 제Ⅰ/9조)

당사국은 선원의 직무수행에 필요한 최소한의 의료기준을 설정하고 선원의 안전보건을 증진하기 위한 차원에서 반드시 이 협약에서 규정하고 있는 의료검진을 주기적으로 실시하고 건강진단서를 발급해야 한다. 이 기준은 선원의 안전보건과 밀접하게 관련되어 있으므로 ILO MLC의 기준과 일치시키고 있다. 이에 따라 18세 미만의 선원은 건강진단서의 유효기간이 최대 1년 그리고 18세 이상의 선원은 최대 2년의 유효기간을 갖는 건강진단서를 소지하고 있어야 한다. 그러나 항해 중에 유효기간이 만료되었을 경우, 건강진단서의 유효기간을 최대 3개월까지 유효한 것으로 다른 당사국이 인정할 수 있다.

3.3.3 추가적인 자격 요건 및 당직 근무

1) 탱커의 승무자격증(제5장 제Ⅴ/1-1조 & 제Ⅴ/1-2조)

STCW협약은 선원의 해기능력 확보를 통해 해상에서의 안전확보를 주목적으로 하고 있다. 특히, 탱커를 통한 에너지자원의 수송이 급증하고 타 선종과 비교해서 해양사고가 발생할 경우에는 인명과 해양환경에 막대한 피해를 발생시킬 수 있으므로 선원의 교육 및 자격증명에 관한 규정이 타 선종보다도 엄격하게 규정하고 있다.

해기사면허증의 갱신제도와 별개로 탱커에 승선하는 선장을 포함한 선박직원은 5년을 넘지 않는 간격으로 탱커의 전문적인 해기능력을 당사국으로부터 확인받도록 규정하고 있다. 해당 선박직원이 최근 5년 동안 적어도 3개월 동안 승무자격증을 소지하고 적절한 임무를 수행한 탱커에 승무한 경력을 갖추고 있거나 승인된 훈련과정을 이수했을 경우에는 전문적인 해기능력을 갖추고 있는 것으로 인정된다(제1장 제11조 및 Code A 제Ⅰ/11조).

2) 당직 근무 기준(제8장 제1조 & 제2조 및 Code A 제Ⅷ/1조 & 2조)

선박은 24시간 가동되는 공장과 유사하며 선원은 이와 같은 공장에서 장기간 숙식을 해결하며 근무하는 노동자로 비유될 수 있다. 특히, 근무지와 휴식공간이 선내에 위치해 있기 때문에 선원이 충분한 휴식을 보장받지 못할 경우, 이들의 피로누적으로 인한 재해와 안전사고 발생의 위험도 타 산업군과 비교해서 높을 수밖에 없다.

국제적으로 선원의 근로시간은 ILO의 「해상근로시간 및 안전승무협약(Hours of Work and Manning Convention, 1936(No.57))」에 규정되어 있었다. 그러나 선원노동에 관한 ILO 협약 대부분이 그러하듯 당사국이 적어 보편적인 협약으로 이행되지 못했다. 결국 STCW협약의 당직근무(부속서 Ⅷ장)기준이 선원의 근로시간에 관한 국제적 표준으로 이행되었다.

선원의 근로시간은 선박의 운항과 교대당직근무 형태를 고려하여 최소휴식시간을 보장하는 규정으로 되어있다. 1995년 개정협약에서는 임의의 24시간 기간 내에 최소한 10시간의 휴식시간을 보장하고 7일의 기간마다 적어도 70시간 이상의 휴식시간을 보장하는 규정으로 되어있었다. 그 이후에 2006년에 채택된 ILO MLC에서는 최소휴식 시간을 77시간 이상 보장하도록 규정함으로써 2010년 마닐라 회의에서는 STCW협약과 MLC간의 일치된 이행을 목적으로 최소휴식 시간을 77시간으로 상향조정하여 개정하고자 했다. 그러나 증대된 선원의 휴식시간 보장을 위해서 선원을 추가로 고용해야 하는 경제적 부담이 발생하는 일부 해운업계의 반발(주로 단거리 국제항해선박의 선주)로 인해서 다음과 같은 예외 규정이 채택되었다.

당사국은 임의의 7일의 기간마다 최소 휴식시간을 70시간 이상으로 완화할 수 있으며 다음의 조건을 만족해야만 한다. ⓐ 휴식시간을 종전과 달리 3개로 분할 할 수 있으나 하나는 반드시 6시간 이상이어야 하고 나머지 휴식시간은 1시간 이상 지속되어야만 한다. ⓑ 휴식시간 간격은 14시간을 초과할 수 없다. ⓒ 위의 ⓐ와 ⓑ가 적용되는 간격은 임의의 7일 중 2일 이상(총 48시간) 지속되어서는 안 된다. ⓔ 70시간 이상의 휴식시간은 2주 이상 연속될 수 없으며(최대 13일 이내), ⓕ 예외 기간 간의 간격은 예외 기간을 적용한 기간의 2배 이상이어야 한다.

〈STCW협약과 해기사 실습생(cadet)의 교육〉

STCW협약에 따라 해기사양성과정에 참여하는 실습생의 교육 및 훈련이 이루어지고 있다. 이러한 협약상의 교육요건은 당사국의 국내법에 수용되어 이행되어야 한다. 특히 우리나라의 경우에는 기관사면허는 1급부터 6급으로 구분되어 있으며, 선박의 항해구역에 따라 국내항에만 종사하는 내항선과 외국항에 입항하는 국제항해선박으로 구분되므로 선박의 규모, 설비 요건 등을 고려해서 선박 안전운항에 필수적인 승무정원과 승무기준을 정하고 있다.

해기사 실습생의 교육은 크게 육상교육과 현장실습교육으로 구분할 수 있으며 이 또한 구체적으로 어떠한 교육이 제공되어야 하는지 협약에서 규정하고 있다. 현장실습교육의 경우, 상업적으로 운항되는 선박(일반선박)이나 실습선에서 이루어질 수 있는데 우리나라의 경우, 선원교육기관들이 다수의 실습선들을 보유하고 있으며 실습선과 일반선박에서 일정 기간을 승선하면서 훈련받는 혼합식으로 이루어지고 있는 것이 특징이다.

현장실습교육의 경우, 현장에서의 실습이 적절하게 이루어지도록 기록 및 관리하기 위한 목적으로 훈련기록부를 작성하도록 협약에서 규정하고 있다. 따라서 실습생은 현장실습에 앞서 훈련기록부의 작성법 및 내용을 숙지하고 법정 실습기간이 완료된 이후에는 반드시 훈련기록부를 소속된 지정교육기관(해기사양성교육기관)에 제출할 수 있도록 관리하여야 한다.

MLC

4

4.1 소개

4.1.1 배경

ILO는 1920년부터 1996년까지 선원의 근로조건 및 사회복지제도와 관련하여 40여개의 선원노동협약과 30여개의 권고를 채택하였다.

그러나 ILO가 채택한 협약과 권고는 80년에 걸쳐 선원의 근로조건 개선과 규제의 필요성에 따라 채택되었기 때문에 일관성이 결여되거나 중복되는 부분이 많았다. 이행적인 측면에서도 선원노동협약들의 당사국들이 상이하다 보니 국제적으로 통일된 이행은 현실적으로 불가능했으며 적시에 개정이 이루어지지 못하다 보니 시대적 변화를 반영하지 못해서 실효성 또한 없었다. 이에 종전의 협약들을 통합하고 최신화한 선원노동협약의 채택을 목표로 작업을 착수하여 2006년에 개최된 제96차 노동총회에서 해사노동협약(Maritime Labour Convention, 2006, 이하 'MLC')이 채택되었다.

4.1.2 구성

MLC는 본문(Article), 규칙(Regulation), 기준(Standard or Code A) 및 지침(Guideline or Code B)으로 구성되어 있다. IMO STCW협약의 구성을 참조했기 때문에 이와 유사하다. STCW협약에서는 구성요소의 법적 성격에 따라 분리하여 관련 조항을 찾기 어렵고 협약이 난해하여 이해하는 데 어려움이 있었다. 그러나 MLC는 구성요소 별로 관련 조항을 일치시켜서 세로로 나열함으로써 일목요연하게 내용을 파악할 수 있도록 구성하였다. 또한 Code A와 Code B의 법적 성격을 명확하게 함으로써 이행적인 측면도 개선되었다.

[표 4-1] MLC 구성

구 성	기 능	법적 성격
본문(Articles)	선원의 기본권, 용어의 정의, 적용대상, 개정절차, 발효 요건 등을 규정	강행 규정
규칙(Regulations)	이행 원칙 및 선원 권리에 해당하는 기본적인 내용을 규정함	
기준(Code A, Standard)	규칙의 세부적인 이행 방안을 규정함	
지침(Code B, Guideline)	기준을 시행하는 세부적인 이행 방안을 제시함	권고 규정

[표 4-2] MLC의 주요 내용

장(Title)	주요 내용
제1장 승무 전 최저 요건	최저연령, 건강증명서, 훈련 및 자격증명, 직업소개소
제2장 근로조건	선원근로계약, 임금, 근로/휴식시간, 휴가권, 송환, 선박 멸실 또는 침몰 시 선원보상, 승무정원, 경력과 기술 개발 및 선원고용 기회
제3장 선원설비, 오락시설 및 식량과 조달	선원설비 및 선내오락시설, 식량 공급, 조리사 자격
제4장 건강보호, 의료관리, 복지 및 사회보장	의료관리, 선박소유자의 재해보상책임, 건강 · 안전 보호 및 사고방지, 항만복지시설 이용, 사회보장
제5장 협약준수 및 집행	기국 책임, 항만국 책임, 선원공급국 책임

4.2 적용 대상

4.2.1 물적 대상 : 선박

IMO의 대표적인 SOLAS협약, STCW협약 및 MARPOL협약은 세계적으로 이행되고 있는 협약으로서 사실상 보편적인 협약으로 발전하였다. MLC 또한 선박과 선원에게 적용되는 만큼, 보편적인 IMO 협약과의 충돌을 피하고 조화로운 이행을 위해 현행 IMO 협약의 정의와 적용 범위를 참조하였다. 이와 관련한 대표적인 정의가 '선박(ship)'과 '선박소유자(shipowner)'다. '선박'은 STCW협약의 '항해선' 정의와 일치한다. MLC에서 정의하는 선박은 '전적으로 내해를 항행하거나 차폐된 수역 내 또는 항만 규칙이 적용되는 지역 내의 수역이거나 이와 근접한 수역을 항행하는 선박 이외의 선박'을 말한다(MLC 본문 제2조 제1호 자목). 그리고 이 협약에서 달리 규정한 경우를 제외하고는 원칙적으로 정의 된 '선박' 중 어업 또는 이와 유사한 목적으로 운항하는 선박, 전통적인 구조(범선 및 목선 등)를 가진 선박은 적용 제외되며 상업적으로 운항 되는 선박에 적용한다(MLC 본문 제2조 제4호).

4.2.2 인적 대상

1) 선박소유자

'선박소유자'의 정의는 ISM Code의 '회사' 정의와 일치시키려고 의도하였다. 이에 따라 선박관리의 책임 주체뿐만 아니라 선원의 고용 책임 주체를 명확하게 하고 노동분쟁 사건에 있어서 분쟁당사자를 일원화했다. 따라서 선박소유자 또는 선박의 소유자로부터 선박의 운항에 대한 책임을 위탁받았거나 다른 조직 또는 사람이 선박소유자를 대리하여 의무나 책임의 완수 여부와 무관하게 그러한 책임을 위탁받았거나 이 협약에 따라 선박소유자에게 부과된 의무와 책임을 인수하는 것으로 동의한 관리자(manager), 대리점(agent) 또는 선체용선자(bareboat charter)와 같은 타 조직 또는 타인을 말한다(MLC 본문 제2조 제1항 차목).

이처럼 포괄적으로 선박소유자를 정의한 것은 선박운항과 관련한 상업적인 계약에 상관없이 선원의 생활 및 근로조건에 관한 책임 주체를 명확하게 일원화하기 위한 목적이 있다.[17)]

2) 선원

MLC는 '선원'을 "이 협약이 적용되는 선박에서 어떠한 직무로든(in any capacity) 고용되거나 종사하거나 일하는 모든 사람"으로 정의하고 있다(MLC 본문 제2조 제1항 바목). 이 정의는 일반적인 상선 이외의 관광 목적의 크루즈선의 노동자에게도 적용된다. 예컨대 크루즈선에는 편의점 또는 공영극장과 같은 여객을 위한 각종 편의시설이 있다. 이와 같은 편의시설의 노동자는 전통적인 선무를 수행하는 선원은 아니지만 크루즈선 운항에 필요한 직무를 수행하기 위해서 고용된 사람이기 때문에 MLC 정의에 포함되는 선원이다. 그렇다고 해서 선박에서 노동을 제공하는 모든 사람이 선원으로 정의되는 것은 아니다. 예컨대 해적으로부터 선원의 안전을 보호하기 위해서 한시적으로 고용된 해상특수경비원의 경우에는 선내 체류하는 승선 기간이 짧고 위험한 수역을 항해하는 동안만 승선한다. 또한 이들은 직접 선박소유자와 근로계약을 체결하지도 않으며 필요에 따라서 간헐적으로 이들을 고용한 해상특수경비업체와 계약이 이루어지기 때문에 MLC 정의에 따라 선원으로 볼 수 없다.

그러나 선원으로서의 지위를 인정하는 것이 이해당사자의 견해에 따라 논란이 발생할 수도 있기에 명확하지 않을 경우에는 선박소유자단체 및 선원단체가 협의한 후 당사국 정부의 MLC 담당 주관청이 결정하도록 하는 절차가 있다(MLC 본문 제2항 제3항).

4.2.3 국가보고서 제출

ILO는 설립 당시부터 ILO 회원국과 ILO협약의 당사국 이행을 모니터링하고 이행증진을 위한 회원국 감독 제도를 시행해 오고 있다. MLC 당사국은 이 제도의 대상이므로 MLC 발효시점으로부터 ILO 헌장 제22조에 따라 주기적으로 MLC의 국내법 이행을

17) ILO, Maritime Labour Convention, 2006(MLC, 2006), Frequently Asked Questions (FAQ) (Geneva : ILO, 2015), p.26

ILO에 보고해야 할 의무가 있다.[18] 이와 같은 보고서 제출 외에도 MLC의 적용을 받는 선원은 특별절차를 통해서 선박소유자 또는 당사국을 대상으로 진정서를 ILO에 제출하여 선원이 자신의 권리침해를 호소하고 시정조치를 요구할 수 있다. 이와 같은 제도는 ILO 노동협약 당사국의 국제법적 이행 의무를 강화할 뿐만 아니라 노동협약상의 권리를 구제 받을 수 있는 제도로 평가된다.

4.3 주요 내용

4.3.1 선원의 최저 요건

1) 선원의 최저연령 및 야간근로 금지

16세 미만은 선원이 될 수 없으며 어떤 경우에도 예외를 인정하지 않는다. 또한 18세 미만인 연소선원에 대해서는 야간근로가 금지된다. '야간'을 정할 수 있는 권한은 당사국에게 있으나 그 범위에는 반드시 자정 전에 시작하여 다음 날 오전 5시 이후에 종료되는 9시간이 포함하고 있어야 한다(MLC 기준 가 제1.1조 제1항 및 제2항). 그러나 선원교육의 목적으로 시행되는 교육프로그램(현장승선실습)으로서 시행되거나 또는 관할 주관청이 선박소유자 및 선원단체와의 협의 후에 선원의 건강 또는 복지에 영향을 미치지 않는다고 정한 경우에는 예외적으로 야간근로가 허용된다.

2) 건강진단서

건강진단서의 유효기간은 STCW협약과 동일하게 최대 2년(단, 18세미만의 경우 1년)으로 하였고, 색각(color vision)의 경우에는 유효기간이 최대 6년으로 규정되었다. 건강진단서가 항해 중 유효기간이 만료되었으나 만료일로부터 3개월이 초과되지 않는 경우에는 항만국이 이를 인정할 수 있도록 규정하고 있다(MLC 기준 제1.2조 제9항).

18) ILO 회원국 감독 제도는 정기적인 감독 제도와 특별절차로 구분할 수 있다. ILO 헌장 제22조에 따른 연차보고서 제출의 의무는 정기적인 감독 제도에 해당한다(두현욱, "ILO 회원국 감독 제도 대응을 위한 해사노동협약 해석론적 연구" 「해사법연구」제32권 제3호, 222-226쪽.).

3) 선원의 훈련 및 자격증명

선원은 승선하여 직무를 수행하기 앞서 국제협약 및 국내법에 따라 훈련을 받고 자격을 갖추어야 한다. STCW협약은 통상 선박운항과 직접적으로 관련된 직무를 수행하는 선원에 대한 훈련 및 자격증명에 대해 규정하고 있지만 MLC에서 규정하고 있는 선원의 정의는 이보다 확대되어 있음을 고려하여 MLC의 적용을 받는 모든 선원은 최소한의 안전교육을 받고 승선하도록 기국이 국내법령으로 정해야 한다(MLC 규정 제1.3조 제2항).

4) 선원의 직업소개업체 규제

선원은 직업소개업자를 통해 선박소유자와 선원근로계약서(Seafarers' Employment Agreement)를 체결하는 경우가 일반적이다. 특히 외국인 선원을 고용하는 경우에는 현지의 선원직업소개업자에게 의존할 수밖에 없다. 우리나라 국적선에서는 항해구역 및 선종에 상관없이 외국인 선원을 쉽게 볼 수 있는 데 대부분 우리나라의 선박소유자와 선원공급계약을 체결한 외국인 선원이 거주하는 현지의 직업소개업자를 통해서 선원근로계약을 체결하는 것이 통상적이다.

이 같은 선원공급체계로 인해서 선원직업소개업체가 선원의 취업 보장을 목적으로 선원에게 금품을 요구하거나 또는 선원에게 불리한 근로조건을 전달하지 않아서 선원에게 피해가 발생할 수 있다. 또한 선원직업소개업자는 선박소유자와의 선원근로계약에 필요로 하는 각종 서류를 확인하고 이를 선박소유자에게 전달하는 업무를 위탁받아 수행하기 때문에 사실상 선원고용에 영향력을 행사하거나 선박소유자로부터 위탁받은 권한을 남용하여 선원에게 피해를 줄 수도 있기 때문에 당사국은 자국 내 위치한 선원직업소개업체를 효과적으로 관리할 수 있는 제도적 장치를 마련해야 한다(MLC 기준 가 제1.4조 제2항).

MLC 당사국 국적의 선원이 다른 당사국 선박의 선박소유자와 선원근로계약을 체결할 경우에는 양 당사국 내 선원직업소개업체는 이 협약에 따라 당사국의 감시나 통제하에 있다. 그러나 MLC 비당사국 내 선원직업소개업체를 통해서 고용할 경우, 선원이 보호받을 수 없는 상황이 발생할 수 있기에 MLC를 적용받는 선원과 동일하게 보호받을 수 있도록 당사국은 선박소유자로 하여금 MLC에서 규정하고 있는 선원직업소개업체에 적용되는 기준을 충족하는 비당사국에 위치한 선원직업소개업체만을 이용하도록 규정하고 있다(MLC 기준 가 제1.4조 제9항).

4.3.2 선원의 근로조건

1) 선원근로계약

당사국은 선원이 MLC에서 정하고 있는 근로조건을 보장받도록 반드시 선박소유자와의 서면으로 된 선원근로계약서 체결을 보장해야 한다. 선원근로계약과 관련해서 당사국은 다음의 사항을 보장하기 위한 국내법령을 마련해야 한다. ⓐ 당사국의 선박에 승무하는 선원과 그 선박의 선박소유자는 각각 자유의사로 서명한 이 협약에 따른 선원근로계약서 원본 1부를 소지하고 있어야 한다. ⓑ 선원이 자유의사로 서명하기 앞서 선원에게 계약서를 검토하고 자문할 기회를 선박소유자로부터 제공받아야 한다(MLC 기준 가 제2.1조 제2항).

MLC는 선원근로계약서에 포함되어야 할 사항(MLC 기준 가 제2.1조 제4항)에 대해서 규정하고 있으나 서식을 정하고 있지 않으므로 다양한 형식으로 존재할 수 있다. 특히 단체협약이 선원근로계약서의 전부 또는 일부를 구성하는 경우에는 단체협약 사본 1부를 선내에 게시해야 한다(MLC 기준 가 제2.1조 제2항). 2018년 제3차 특별삼자간위원회(STC)에서는 해적[19] 또는 해상무장강도[20]에 납치된 선원의 근로계약기간은 선원이 석방되어 송환이 완료되거나 사망이 통보된 시점까지 지속되는 것으로 개정되었다(MLC협약 기준 가 제2.1조 제7항 및 제2.2조 제7항)

체결된 선원근로계약은 합의된 시기가 될 때까지 승무하는 선박의 기국 법령에 따른 계약 종료 사유가 발생하지 한, 일반적으로 지속된다. 그러나 선원의 이직 또는 선원근로계약서 위반으로 인해서 선박소유자의 해고 통보와 같은 이유로 선원근로계약 종료를 예고하는 기간을 국내 법령으로 정할 경우에는 최소 7일보다 짧지 않도록 규정하고 있다. 그러나 이보다 짧은 기간을 국내법령이나 단체협약에서 인정하는 것도 허용된다(MLC 기준 가 제2.1조 제5항 및 제6항).

19) MLC상 해적은 유엔해양법협약(UN Convention on the Law of the Sea, 1982)에 정의를 인용하고 있다.

20) MLC협약상 해상무장강도는 IMO에서 채택한 결의서의 정의를 인용하여 영해, 내수, 군도수역에서 이루어지는 선박을 대상으로 하는 불법적인 행위로 정의하고 있다.

2) 임금

선원근로계약서에 따라서 임금은 선원에게 정기적으로 전액이 월 간격을 초과하지 않는 범위에서 지급되어야 한다. 그러나 선원은 선내 승무하는 기간 자신의 계좌에 입금된 임금을 부양가족에게 다시 송금하거나 또는 필요한 일가친척에게 송금할 수도 있으므로 임금의 전부 또는 일부를 정하여 가족에게 송금할 수 있는 서비스를 선박소유자가 제공하도록 규정하고 있다(MLC 기준 가 제2.2조 제3항).

3) 근로시간 및 휴식시간

선박에 승무하는 선원의 근로 시간 및 휴식 시간은 근로조건인 동시에 선원의 안전보건에 있어서도 중요한 위치를 차지하고 있다. 앞서 STCW협약에서 언급된 바와 같이 MLC 채택 이전의 근로시간 및 휴식시간은 당직기준을 통해서 이행되어 왔으며 휴식시간이 부족했다. MLC는 1일 8시간 근로, 주 1일 휴일 및 공휴일 휴식 제공을 원칙으로 MLC에서 정하는 최대근로시간 또는 최소휴식시간을 국내법령으로 정하도록 규정하고 있다(MLC 기준 가 제2.3조 제4항).

국제협약과 국내법령에 따라 선원의 안전을 확보하기 위한 훈련을 주기적으로 실시하도록 규정하고 있다. 이와 같은 훈련은 선원의 근무시간 또는 휴식시간에도 포함되지 않기 때문에 선원의 휴식 방해를 최소화하고 보장할 수 있는 방식으로 시행되어야 한다(MLC 기준 가 제2.3조 제7항). 그러나 예외적으로 선박의 안전상 위급상황이 발생했을 경우 휴식시간이라 할지라도 선장의 지시를 따라야 할 의무가 선원에게 있다(MLC 기준 가 제2.3조 제14항).

선원의 강제노동을 방지하고 MLC 이행을 증진하기 위한 조치로서 선원에게 일일 근로 시간 또는 휴식 시간을 기록하도록 규정하고 있으며 선장과 선원(본인)이 서명한 이 기록부의 사본을 해당 선원이 소지하고 있어야 한다(MLC 기준 가 제2.3조 제12항).

4) 유급연차휴가

선원의 유급휴가는 고용월 기준으로 최소 2.5역일(曆日, calendar day)을 보장해야 하며 유급연차휴가를 포기하는 계약은 금지된다(MLC 기준 가 제2.4조 제2항). 설사 계약이 체결되었다 할지라도 법을 위반하는 계약이기 때문에 법적 효력은 없다.

5) 송환

선원근로계약이 종료되어 하선되었을 경우, 혹은 선박소유자나 선원의 요구에 따라 선원근로계약이 해지되거나 또는 선원이 더 이상 직무를 수행할 수 없는 경우에는 송환될 권리를 보장받아야 하며 이를 보장하기 위해서 당사국은 선박소유자에게 재정보증을 제공하도록 규정하고 있다.

선원의 복지증진을 위해서 최대 승무기간을 12개월 미만으로 정하고 있는데 ILO 전문가위원회에서는 이 기간은 유급휴가일(최소 2.5역일)을 포함하고 있으며 선내 승선하는 기간(승무경력 산정에 포함되는 기간)은 11개월을 초과할 수 없음을 강조하고 있다(MLC 기준 가 제2.5.1조 제3항).

MLC는 사안에 따라 국가의 개입을 의무화하고 있다. 기국주의와 자국민의 외교적 보호를 고려해서 우선 당사국이 국적선에서 승무한 선원의 송환 의무가 있으나 기국이 실패했을 경우에는 선원의 거주국 또는 국적국이 선원을 송환하도록 규정하고 있다. 그러나 어떠한 경우든 법적 책임 주체는 선박소유자에게 있으므로 송환비용을 선원에게 부과해서는 아니 되며 그 비용은 선박소유자로부터 회수해야 한다(MLC 기준 가 제2.5.1조 제5항). 이 외에도 선원이 유기된 항만의 당사국(즉, 항만국)이 선원을 송환조치 했을 경우에는 선박을 억류하는 등 선박소유자로부터 송환비용이 회복될 때까지 선박을 억류할 수 있는 권한을 인정하고 있다(MLC 기준 가 제2.5.1조 제6항).

제1차 MLC개정(2014년)에서는 선원의 유기(abandonment)[21]를 방지하기 위한 재정보증제도를 신설하였다. 이 재정보증의 범위는 4개월 임금과 그 밖의 선원의 권리로 제한되고 송환비용을 포함해서 선원의 생계유지에 필수적인 식량, 식수 및 기타의 물품과 연료유 구매도 포함된다(MLC 기준 가 제2.5.2조 제9항).

21) MLC 기준 가 제2.5.2조에서는 유기를 다음의 3개 중 하나에 해당되는 경우로 정의하고 있다.
① 선원의 송환비용을 지불하지 않은 경우
② 선원의 필수적 생계와 부양을 하지 않고 방치한 경우
③ 최소한 2개월 동안 선원근로계약상 임금을 지불하지 않는 것을 포함하여 일방적으로 선원과의 관계를 단절한 경우

6) 기타 조건

선박이 멸실 또는 침몰되어 발생하는 선원의 재해 또는 실업과 관련하여 적절하게 선박소유자의 보상이 이루어질 수 있도록 국내 법령으로 정해야 한다.

선내 안전운항과 MLC에서 정하고 있는 조건(예 : 근로시간 및 휴식시간)에 따라 선원이 직무를 수행할 수 있는 충분한 인력을 갖추도록 당사국은 최소승무정원을 정하고 이를 증명하는 서류를 발급해야 한다. 또한 선원은 경력개발을 통해서 지속적으로 고용의 기회를 보장받도록 국가 차원의 정책을 수립하고 지원해야 할 의무가 있다.

4.3.3 거주설비, 오락시설 및 식량 공급

1) 선내 거주설비 및 오락시설

근로시간 외 선원이 충분히 휴식을 취할 수 있는 거주설비와 오락시설을 선박소유자는 제공해야 할 의무가 있다. 그러나 이들 시설은 선박구조의 일부이기 때문에 선박건조시점부터 반영되어야 한다. 따라서 MLC의 시설 규정은 MLC가 당사국에 발효된 날 이후에 건조된 선박에 적용된다(MLC 규정 제3.1조).

2) 식량 공급

장기간 해상에서 근무하는 선원에게 있어서 양질의 식량 제공은 신체 건강뿐만 아니라 선내 근무의 만족도에도 상당한 영향을 주는 요소라고 할 수 있다. 특히 선내조직은 다국적 선원으로 구성되어 있어서 문화의 다양성이 존재하기 때문에 식량과 그 밖의 선내 서비스도 이 같은 현실을 고려해서 식재료 구매부터 요리까지 고려할 것을 규정하고 있다.

종전의 조리부에 대한 자격 요건이 STCW협약에도 규정되어 있지 않았기 때문에 국내 법령에 따라 이들의 자격 요건을 정하는 기국도 있었으나 일반적이지 않았다. 그러나 조리부원도 MLC상 선원으로 정의되었기 때문에 당사국은 국내법으로 조리부 직무에 상응하는 훈련, 자격 및 업무수행 능력을 갖추도록 규정하고 있다.

4.3.4 선원의 건강보호, 의료관리, 복지 및 사회보장

1) 의료관리

당사국은 선원의 건강을 위해서 질병이 발생하거나 그 밖의 건강상의 문제가 발생했을 경우에는 신속하게 의료관리를 받을 수 있도록 보장해야 하며 선원의 부담 없이 무료로 제공하는 것을 원칙으로 한다(MLC 규정 제4.1조).

(1) 기국의 책임

당사국은 국적선에 승무하는 선원에 대하여 최소한 치과 치료를 포함한 건강 보호와 의료 관리에 관한 MLC의 조치를 이행해야 한다. 이 조치에는 선내 약품, 치료용 의료장비 및 의료정보를 제공하고 의료전문가와 신속하게 접촉할 수 있는 수단을 제공해야 한다. 특히, 선박은 육상으로부터 멀리 떨어져서 장기간 항해할 경우, 선원은 육상의 노동자와 달리 신속하고 적절한 의료서비스를 이용할 수 없는 상황이 발생하고 그 결과는 선원의 피해로 이어질 수 있다. 무선 인터넷 기술과 위성통신 시스템을 통해서 원격의료서비스 기술이 통용되고 있으므로 선박도 구축되어 있는 통신장비를 이용해서 실시간으로 신속하게 의료서비스에 접근할 수 있는 기반을 당사국이 제공할 것을 규정하고 있다. 물론 이 서비스는 인도주의 차원에서 국적에 상관없이 모든 선박에 제공되어야 한다(MLC 기준 가 제4.1조 제4항 라목).

(2) 항만국의 책임

당사국은 자국 내에 있는 선박에서 근무하는 선원이 국적에 상관없이 의료지원이 필요한 경우에는 육상의 의료시설을 이용할 수 있도록 보장해야 한다(MLC 규정 제4.1조 제3항). 이러한 의료시설을 신속하게 이용할 수 있도록 의료시설을 확충해야 할 의무도 있다(MLC 지침 나 제4.1.3조 제3항).

2) 선박소유자의 보상 책임

선원이 선내 승무기간 동안 발생한 질병, 상병 및 그 밖의 의료문제와 관련한 재해보상에 관한 선박소유자의 책임을 정하고 있다. MLC의 재해보상기준은 최저기준으로서 당사국은 국내 법령을 통해서 보장해야 한다. 그러나 만약 선원의 상병이 선박운항과 관련되어 있지 않거나 선원이 고의적인 행위로 인해서 상해 또는 사망이 발생했거나 또는 선원근로계약의 체결될 당시에 의도적으로 가지고 있는 질병이나 질환을 밝히지 않을 경우에는 그 책임으로부터 면제된다(MLC 기준 가 제4.2.1조 제4항).

선박소유자의 책임에는 치료비, 선원 사망시에는 유족비 및 장제비, 장해비와 외국에서 치료받을 경우에는 식비, 숙박비 등을 포함해야 한다(MLC 기준 제4.2조 제1항 내지 3항). 그리고 선원의 임금 전액 또는 일부 지급을 상해로 인해 하선한 선원에게 상해 발생일 또는 질병 발생일부터 최소 16주 동안 지급되도록 규정하고 있다.

3) 선원의 안전 · 보건 및 사고 예방

노동자는 양호한 작업환경에서 근무할 권리가 있으며 이를 보장하고 정책적으로 증진하는 것 또한 국가의 책무로 이행되고 있다. 선박도 이와 같이 선내 선원이 안전하고 보건적인 측면에서도 양호한 환경이 보장되어야 한다. 선박운항의 국제성 및 선원의 다국적 구성을 고려해서 노사 간의 협의 후 국제기구, 국내 지침 및 산업계의 안전보건 지침 등을 고려하여 국내 법령 또는 그 밖의 지침을 개발하고 시행해야 할 의무가 있다(MLC 규정 제4.3조). MLC는 최소한 당사국이 마련해야 할 국내 법령(또는 그 밖의 지침)에 포함되어야 할 사항을 규정하고 있으므로 당사국은 이를 반영하여 국내 법령을 제정하거나 보완하여 시행해야 한다.[22)]

4) 육상 복지시설의 이용

항해를 마치고 목적지에 도착한 선원에게 육상시설은 심리적인 안전을 제공할 뿐만 아니라 필요로 하는 각종 물품 구매와 함께 문화, 오락 및 정보를 향유할 수 있는 장소다.

22) 이와 관련하여 MLC 기준 가 제4.3항은 기본원칙과 필수적인 조치를 명시하고 있으며 지침 나 제4.3조는 국내 법령 또는 그 밖의 지침이 보장해야 할 범위에 대해서 구체적으로 명시하고 있다. 특히, 지침 나 제4.3조는 2018년 개최된 제3차 STC에서 선내 괴롭힘 및 따돌림을 안전보건 분야에 포함하여 강화되었다.

선원의 기항국(항만국)은 선원의 복지시설 이용에 있어서 차별 없이 보장되도록 당사국(항만국)은 보장해야 한다(MLC 규정 제4.4조).

당사국은 영역 내 적절한 항만을 결정하여 복지시설의 개발을 장려하고 복지시설과 서비스가 적절하다는 것을 보장하기 위하여 복지시설과 서비스를 정기적으로 검토하는 복지위원회를 설치 · 운영해야 한다(MLC 규정 제4.4조).

4.3.5 당사국의 집행

MLC는 IMO 국제해사협약을 통해서 발전한 항만국 통제 관할권과 비차별 원칙을 수용하고 있다. 그러나 그 집행에 있어서는 IMO 해사협약의 물적 규제와 차별화된 기국 통제 및 항만국 통제 절차를 규정하고 있다.

1) 기국 의무

(1) 주기적인 선원의 근로 및 생활 조건 검사

기국에게 국내 법령으로 선내에서 MLC가 보장되는지를 검사하고 인증하도록 규정하고 있다(MLC 규정 제5.1조). 이와 같은 제도는 IMO 협약에서 일반적으로 규정하고 있는 선박검사 제도를 고려했다. 또한 IMO 협약에 통용되고 있는 선박검사 위탁 제도와 같이 인정기관(Recognized Organization)을 지정하여 정부 업무의 위탁(대행)도 허용하고 있다(MLC 규정 제5.1.1조 제3항 및 기준 가 제5.1.2조).[23] 그러나 이 같은 업무위탁은 행정 집행의 효율성과 효과성을 고려한 것이므로 여전히 선원의 근로조건 및 사회보장제도에 대한 이 협약상의 책임은 기국의 주관청에게 있다.

MLC가 적용되는 모든 선박은 기국 검사의 대상이 된다(MLC 규정 제5.1.4조). 이 중 선박운항의 특성을 고려하여 국제항해선박 등에는 해사노동적합증서(Maritime Labour Certificate, 이하 'MLC증서')와 해사노동적합선언서(Declaration of Maritime Labour

23) 당사국의 권한을 위탁할 수 있는 인정기관은 이 협약의 기준을 만족하도록 규정하고 있으므로 전적으로 당사국의 재량권이 허용되지는 않는다. 인정기관의 최소 기준을 만족하는 기관(단체)에게 권한을 위탁함으로써 MLC의 목적을 달성할 수 있도록 규정하고 있다.

Compliance, 이하 'DMLC')를 비치하고 있어야 한다. 유효한 MLC증서와 DMLC가 선내에 비치되어 있는 선박은 MLC에서 규정하고 있는 16개 항목에 해당하는 근로 및 생활 조건을 충족하고 있음을 의미한다.[24] 그러나 MLC증서 및 DMLC가 요구되지 않는 선박, 즉 국내항해선박은 16개 항목 이외의 근로 및 생활 조건을 국내 법령으로 정하여 검사할 수 있다. MLC증서가 효력을 유지하고 갱신되기 위해서는 정기검사와 중간검사는 MLC에서 정하는 간격[25]으로 시행되어야 하지만 어떠한 경우에도 검사 간격은 3년을 초과해서는 안 된다(MLC협약 기준 가 제5.1.4조 제4항).

DMLC는 세부적으로 2개로 구성되어 있다. 제1부는 당사국(선박의 기국) 또는 인정기관이 작성하며 검사해야 할 사항(근로 및 생활 조건)을 식별하기 위한 목적이 있으며 이와 관련한 국내 법령의 정보도 함께 제공되어야 한다. 제2부는 선박소유자가 작성하며 제1부에서 식별된 근로 및 생활 조건이 선원에게 보장되고 있음을 나타낸다. 당사국 또는 인정단체는 DMLC 제2부와 함께 현장검사를 실시해서 사실여부를 확인한 후에 MLC증서를 발급한다(MLC 기준 가 제5.1.3조 제10항).

(2) 선내 불만 처리

선박에서는 MLC와 기국의 법령을 위반하는 사건이나 사고는 발생할 수 있으므로 정기적인 검사 외에 선원보호차원에서 내부적인 처리 절차가 보장되어야 한다. 기국은 국내 법령으로 국적선에 승무하는 선원의 불만 사항을 공정하고 효과적이며 신속하게 처리할 수 있도록 절차를 내부적으로 마련하도록 규정해야 한다(MLC 규정 제5.1.5조).

이 절차는 준수되어야 하지만 그렇다고 선원이 선장에게 직접 또는 정부(행정기관 또는 사법기관 등)에 불만 사항을 제기할 수 있는 선원의 권리를 제한하지 않는다. 선원에게 선내불만처리절차 사본이 제공되고 외국인 선원의 경우에는 거주국 또는 국적국에서 선원문제를 담당하는 관할 주관청의 연락처도 포함되어 있어야 한다(MLC협약 기준 가 제5.1.5조 제4항).

24) MLC협약 부록(Appendix A5-1) ; MLC증서와 DMLC에 관한 규정은 MLC협약 규정 제5.1.3조, 기준 가 제5.1.3조 및 지침 나 제5.1.3조 참조.

25) MLC증서의 중간검사가 MLC증서의 유효기간 내 1회 실시된다면 2번째와 3번째 연차일(MLC증서 발급일) 사이에 실시되어야 한다(MLC협약 기준 가 제5.1.3조 제2항).

2) 항만국의 권리 및 의무

(1) 항만국 통제

항만국은 선박에 적용되는 국제해사협약 이행에 있어서 필수적인 동반자라 할 수 있다. MLC는 IMO 해사협약의 항만국 통제 원칙을 수용하면서도 선원 문제 해결에 적합한 다양한 조치를 개발했다. 특히 본문에서도 강조하고 있지만 지침(Code B)의 권고적 성격을 고려해서 항만국 통제의 준거법으로 인용될 수 없음을 명확하게 규정하고 있다(MLC협약 규정 제5.2.1조 제3항).

항만국은 원칙적으로 기국이 발급한 MLC증서와 DMLC를 확인하고 증서상의 하자 또는 허위 기재가 있거나 유효기간이 만료되는 등으로 인해 법적 효력이 의심되거나 만료된 경우에만 개입할 수 있다. 또한 ⓐMLC 위반이 선내에서 발생하고 있음이 명백하거나, ⓑMLC 이행을 회피할 목적으로 선박의 국적을 변경했다고 믿을 만한 합리적인 근거가 있을 경우, 또는 ⓒ선원이나 기타의 자(이해 관계자로 한정)가 협약 위반이 발생하고 있음을 신고했을 경우에는 상세 검사(more detailed inspection)를 실시할 수 있다. 그리고 항만국 통제는 16개 검사 항목에 대해서 반드시 실시해야 한다(MLC협약 기준 가 제5.2.1조 제1항).

세부검사 사유 중 ⓒ에 따른 검사(신고에 따른 항만국 통제)를 실시할 경우, 일반적으로는 신고 된 범위로 한정해서 진행되어야 한다(MLC협약 기준 가 제5.2.1조 제3항).

상세 검사의 결과, 선원의 안전, 보건 또는 보안에 명백히 위해가 확인되었거나 선원의 권리를 포함해서 MLC의 요건이 심각하게 또는 반복적으로 위반된 사실이 확인되었을 경우에는 선박의 항해를 중지시켜야 한다(출항 정지 명령). 그러나 지적된 위반사항의 시정계획을 항만국이 승인하고 신속하게 이행될 것으로 인정될 경우, 시정조치가 완료되지 않았을지라도 항해를 허용할 수 있다(MLC협약 기준 가 제5.2.1조 제6항).

(2) 선내 불만 처리

당사국의 영역 내 있는 외국 선박의 외국인 선원이 MLC의 위반을 신고(또는 진정(陳情))하고자 할 경우에는 그들의 권리를 보장할 수 있는 수단을 제공해야 한다(MLC

규정 제5.2.2조). 외국인 선원의 진정이 항만국에게 전달되면 신속하게 조사에 착수해야 한다. 조사 단계에서 진정의 성격(심각성)을 고려하여 선내불만처리절차를 거쳤는지를 검토하고 필요하다면 선내불만처리절차를 통한 해결을 모색해야 한다(MLC 기준 가 제5.2.2조 제1항, 제2항 및 제3항).

상세 검사를 통해서 이 협약에 따른 출항정지 위반이 확인되었다면 항만국 통제 절차에 따라서 처리해야 한다. 그러나 이에 해당하지 않는 결함이라면 기국에게 검사 결과를 통보하고 별도로 정한 기간 내 기국의 의견과 시정조치를 요구해야 한다(MLC 기준 가 제5.2.2조 제4항 및 제5항).

위의 조치에도 불구하고 진정이 해결되지 않은 경우에는 항만국이 ILO 사무국장에게 보고서 사본을 송부한다(MLC 기준 가 제5.2.2조 제6항).

정리하기

★ MLC에서 규정하고 있는 선원의 권리 또는 서비스가 보장되지 않거나 제공되지 않는 위반 사건이 발생하였을 경우, 선원이 기국이나 항만국을 통해서 권리를 구제받을 수 있는 수단으로는 무엇이 있는지를 논의하고 발표하기.

★ COVID-19로 인한 MLC 당사국의 이행적인 측면에서의 문제점은 무엇이었고 그 결과로 발생한 선원의 피해로는 구체적으로 어떠한 것들이 있었는지를 조사하고 발표하기.

〈STCW협약과 MLC의 관계〉

STCW협약과 MLC는 채택 목적과 취지에 있어서 확연한 차이가 있지만 상호보충적이며 협력적인 관계를 형성하고 있다. 예를 들어 STCW협약은 선원를 정의하고 있지 않으면서 직무에 따른 교육요건을 규정하고 있다. 그러나 MLC는 선원을 포괄적으로 정의하고 있으며 전통적인 선원의 범위(선박운항 업무)보다 확대되어 있으며 이들의 안전을 보장하기 위한 안전교육 및 직무와 관련된 교육을 이수하도록 규정함으로써 개인의 안전에 있어서 소홀해질 수 있는 부분을 보완했으며, 그 결과 선내 안전보건 측면에서도 개선되었다. 또한 선원근로시간에 관한 ILO 협약은 STCW협약보다 비준율이 낮아 국제적인 영향력이 크지 않아서 사실상 STCW협약의 당직 근무 기준이 선박에 적용되었다. 그러나 MLC가 채택되면서 최소휴식시간을 STCW협약보다 7시간 늘려 77시간으로 규정하면서 STCW협약의 개정을 촉진시켰다. 그러나 최소휴식 시간의 예외 규정을 MLC에서 규정하지 않았고 산업계의 부담을 고려해서 2010년에 STCW협약에는 일부 완화할 수 있도록 예외 규정이 추가하기도 하였다.

MARPOL협약

5.1 소개

5.1.1 배경

1967년 발생된 토리 캐년호 사고 이후, 국제사회는 선박으로 인해 발생하는 해양오염 발생을 방지하기 위한 강력한 협약채택의 필요성을 절실하게 인식하게 되었다. 후속 조치로서 종전의 해양에서의 기름으로 인한 오염방지를 위한 국제협약(International Convention for the Prevention of Pollution of the Sea by Oil, 이하'OILPOL협약')[26]을 대체할 수 있는 선박으로부터 해양오염방지를 위한 국제협약(International Convention for the Prevention of Pollution from ships, 1973, 이하 'MARPOL협약')을 채택하였다. 이 협약은 다양한 선박기인 해양오염물질을 규제하기 위해서 선박구조, 선박설비, 내부적인 시스템(계획서 및 기록부 등) 및 배출기준 등을 규정하고 있다.

5.1.2 연혁

MARPOL협약이 채택되었지만 IMO 회원국의 협약가입이 예상한 바와 달리 신속하게 이루어지지 않아 발효되지 못했다. 그 사이에 대형 해양오염사고가 연속해서 발생함에 따라 조속하게 발효될 수 있도록 회원국의 가입을 유도하기 위한 의정서(protocol)를 1978년에 채택하였다. 그 결과 의정서가 모협약(parent convention)을 개정하면서 통합된 형태로 발효되었고 그 결과를 반영해서 MARPOL협약의 공식적인 명칭은 'International Convention for the Prevention of Pollution from ships, 1973, as modified by the Protocol of 1978 thereto'이다.[27]

26) OILPOL협약은 1954년 채택되어 1958년 발효됐다.

27) 많은 문헌에서 이러한 이유로 인해 동 협약을 'MARPOL73/78'로 표기하나 본서에서는 MARPOL협약으로 통일하였다.

1997년에는 종전의 5개의 부속서에 추가해서 선박으로부터 배출되는 대기오염 규칙을 부속서VI을 신설함으로써 현재와 같은 구성으로 발전하였다. 그 이외에도 해양오염사고 방지를 강화하거나 신해양오염물질을 규제하기 위해서 다수의 부분 개정이 이루어졌는데 대표적인 개정으로는 유탱커의 이중선체구조 및 단일선체유조선의 선령 제한 도입을 통한 단일선체유조선의 강제 퇴출과 선박 기인 온실가스 규제 등이 있다.

5.1.3 구성

본문은 20개 조항으로 구성되어 있으며 현재 2개의 의정서(1978년 및 1997년)가 채택되었다. 해양오염물질에 대한 선내 조치는 부속서(Annex)에서 규정하고 있으며 이 부속서는 강행규정이다. MARPOL협약에 가입하면 별도의 수락 또는 서명 등과 같은 기속적 의사표시 없이 자동으로 부속서 I 과 II의 당사국이 된다. 그러나 그 외의 부속서(선택부속서)에 대해서는 별도의 수락 의사를 IMO에 전달해야 한다.[28]

[표 5-1] MARPOL협약 부속서

부속서	부속서명	발효일자
I	기름으로 인한 해양오염 방지 규칙	1983. 10. 2
II	산적유해액체물질 오염 통제 규칙	1983. 10. 2
III	포장된 형태의 독성물질 오염방지 규칙	1992. 7. 1
IV	선박으로부터의 분뇨오염 방지	2003, 9, 27
V	선박으로부터의 폐기물오염 방지	1998. 12. 31
VI	선박으로부터의 대기오염 방지	2005. 5. 19

28) MARPOL협약 본문 제14조.

5.2 협약 이행

5.2.1 적용 선박

MARPOL협약은 '선박'을 해양환경에서 운항되고 있는 모든 형태의 배로서 수중익선, 공기부양선, 부유선 및 고정 또는 이동플랫폼[29]도 포함하고 있다. 원칙적으로 이 협약에서 달리 규정하지 않는 한 MARPOL협약은 당사국의 모든 선박과 당사국의 권한 하에 운항되는 외국 선박에도 적용된다. 그러나 군함과 국가가 소유하거나 운항하는 그 밖의 선박으로서 비상업적인 목적의 선박은 적용 제외된다(MARPOL협약 본문 제3조).

이 협약의 부속서별로 해양오염물질에 대한 해양오염방지 조치를 규정하고 있으므로 각 부속서의 적용 범위를 고려해서 당사국은 이행해야 한다.

5.2.2 기국의 관할권 및 의무

1) 관할 수역 밖 해양오염범죄에 대한 관할권

기국은 관할 수역(내수, 영해 및 배타적 경제수역)에서 발생한 선박으로 인한 해양오염 사고에 대한 입법관할권과 집행관할권을 갖는다. 또한 MARPOL협약은 공해자유의 원칙과 기국주의 원칙에 따라서 선박이 기국의 관할 수역을 벗어나 공해 또는 연안국의 수역에서 MARPOL협약을 위반했을 경우에도 기국 법령에 따라 처벌하도록 규정하고 있다(본문 제4조 제1항).[30] 즉, 기국은 국내 법령으로 관할 수역에 상관없이 국적선의 해양오염범죄와 관련해서 처벌 규정을 제정하고 집행할 수 있는 관할권을 갖는다.

29) 국제적으로 합의된 플랫폼(platform)에 대한 정의는 없으며 MARPOL협약에서도 이와 관련해서 명확하게 기술하고 있지 않다. 사견으로는 사용 목적이나 용도는 조금씩 상이할 수는 있으나 화석연료자원(석유자원 및 가스자원)을 해저에서 시추하거나 시추된 자원을 저장하거나 이동시키는 목적으로 사용되는 해양플랜트를 포함해서 해석하는 것이 바람직하다고 판단된다.

30) 물론 외국 선박의 불법행위로 인해 해양오염피해를 입은 연안국 또는 항만국도 개입할 수 있는 관할권을 갖고 있다.

2) 통보의 의무

타 당사국으로부터 협약 위반과 관련하여 국적선의 정보를 전달받은 기국은 국내 법령에 따른 사법절차를 신속히 진행하고 정보를 전달한 당사국과 IMO에 그 결과를 회신해야 한다(본문 제4조 제1항, 제2항 및 제3항).

5.2.3 항만국 관할권과 권리 및 의무

1) 집행관할권

당사국은 자국의 관할권 내에서 발생한 외국 선박의 협약 위반 사건 또는 사고와 관련해서 국내 법률에 따라서 소송을 진행할 권한을 가지고 있다(본문 제4조 제2항 제1호).

2) 출항정지 및 일시적인 이동 허용

다른 IMO 협약에서 규정하고 있는 항만국 통제 관할권과 동일하게 각국 관할권의 효과적인 통제를 확인하는 절차와 함께 필요시 해양오염을 방지하기 위한 목적으로 외국 선박의 출항을 금지할 수 있는 항만국의 권한을 명시하고 있다. 그러나 항만국이 지적한 사항이 선박구조 또는 기기와 관련되어 있어서 수리하기 위해 다른 지역의 조선소로 이동할 필요성이 있는 경우에는 선박의 요청에 따라 한시적으로 이를 허용할 수 있다.

3) 입항거부권

외국 선박이 이 협약의 요건에 합치하지 않는 이유로 인해서 항만국 또는 연안국의 관할 수역의 해양오염발생을 우려해서 입항하는 것을 거부할 경우에는 외국 선박의 영사나 또는 외교관에게 해당 사실을 통보해야 하며, 만약 불가능하다면 외국 선박의 기국에게 이를 통보해야 한다(본문 제5조 제4항).

4) 국제협력의 의무

당사국의 항만에서 발생한 해양오염과 관련되어 있는 외국 선박을 조사하고 위반사실이 발견된 경우에는 증거와 함께 적절한 조치를 기국이 취할 수 있도록 관련보고서를 기국의 주관청에 송부해야 한다. 또한 다른 당사국으로부터 자국 관할항만에 입항해 있는 외국 선박에 대한 검사를 요청받았을 경우에는 검사를 실시해야 하며 적절한 조치를 취하도록 해당 외국 선박의 기국과 협조를 요청한 당사국에게 관련 보고서를 전달해야 한다(본문 제6조).

5.2.4 협약의 해석과 이행

MARPOL협약이 채택되었던 당시에는 국제적으로 영해의 범위(12해리 이내)가 국제법적으로 합의되지 않았으며 협약이 발효된 1982년이 되어서야 유엔해양법협약(UNCLOS)이 채택되었다. 이 협약의 제12장에서는 관할 수역(내수/영해/배타적 경제수역/공해)별 해양오염에 관한 국가관할권을 규정하고 있으므로 MARPOL협약을 이행함에 있어서 유엔해양법협약에 합치하는 해석을 통해서 이행해야 한다(본문 제9조). 원칙적으로 기국 주의를 강조하고 있으며 기국으로 하여금, 타 당사국의 항만에서 발생한 국적선의 해양오염을 조사하고 그 결과에 따라 위반이 확인된 경우에는 적절하게 조치하도록 규정하고 있다.

5.3 주요 내용

5.3.1 기름에 의한 오염의 방지를 위한 규칙(부속서 I)[31]

1) 용어의 정의

(1) 기름(oil)

기름은 원유, 연료유, 슬러지, 폐유 및 정제유를 포함한 모든 형태의 석유(부속서 II의 규정에 따른 석유화학물질은 제외/가스연료 제외)를 말하며, 부록1에 열거된 물질을 포함한다.

(2) 유성혼합물(oily bilge water)

기름이 혼합된 액체를 말하며 협약에서는 선박의 설비 및 기기를 통해 누수 또는 누유된 물과 기름이 혼합된 물질을 의미한다.

(3) 유탱커(oil tanker)

유탱커란 화물창에 주로 산적으로 기름을 운송하기 위하여 건조되거나 개조된 선박을 말하며, 겸용선(combination carrier)[32] 및 부속서II에 정의된 위험물운반선(NLS탱커) 및 SOLAS협약 제II-1장 제3.20규칙에 규정된 가스운반선이 산적(bulky)으로 기름을 화물 또는 화물의 일부로 운송하는 경우도 포함된다. 그리고 원유탱커(crude oil tanker)는 원유를 운송하는 유탱커를 말하며, 정제유운반선(product carrier)이라 함은 원유 외의 기름을 운송하는 유탱커를 말한다.

31) 1983년 10월 2일 발효, 2007년 1월 1일 전면 개정 발효.

32) 겸용선은 산적으로 기름 또는 고체화물을 운송하도록 설계된 선박을 말한다.

(4) 특별해역(Special Area)

특별해역은 해양학상, 생태학상의 조건과 해상교통의 특수한 성격으로부터 인정되는 기술적인 이유로 해양오염물질(기름, 유해액체물질, 분뇨, 폐기물)로 의한 해양오염방지위해 강제조치를 시행하도록 채택된 해역을 말한다. MARPOL협약 부속서Ⅰ부터 부속서Ⅴ(부속서Ⅲ 제외)에서는 각각 특별해역을 지정하고 있으며 현황은 [표 5-2]와 같다. 부속서Ⅵ는 대기오염물질에 관하여 규정하고 있으며 이 물질은 수면이나 수중이 아닌 대기로 배출되므로 배출통제해역(Emission Control Area, 이하 'ECA')의 지정을 통해서 강화된 조치를 시행하고 있다(부속서Ⅵ 참조).

[표 5-2] MARPOL협약 특별해역 현황(부속서Ⅵ 제외)

특별해역	채택일자	발효일자
부속서 I		
지중해	1973. 11. 2	1983. 10. 2
발틱해	1973. 11. 2.	1983. 10. 2
흑해	1973. 11. 2	1983. 10. 2
홍해	1973. 11. 2	1983. 10. 2
걸프해역	1973. 11. 2	1983. 10. 2
아덴만해역	1987. 12. 1	1989. 4. 1
남극해역	1990. 11. 16	1992. 3. 17
북서유럽해역	1997. 9. 25	1999. 2. 1
아라비안해의 오만해역	2004. 10. 15	2007. 1. 1
남서아프리카 해역	2006. 10. 13	2008. 3. 1
부속서II		
남극해역	1992. 10. 30	1994. 7. 1
부속서Ⅳ		
발틱해역	2011. 7. 15	2013. 1. 1

부속서V		
지중해해역	1973. 11. 2	1988. 12. 31
발틱해역	1973. 11. 2	1988. 12. 31
흑해	1973. 11. 2	1988. 12. 31
홍해	1973. 11. 2	1988. 12. 31
걸프해역	1973. 11. 2	1988. 12. 31
북해	1989. 10. 17	1991. 2. 18
남극해(남위 60도 남쪽)	1990. 11. 16	1992. 3. 17
광역카리비안 해역	1991. 7. 4	1993. 4. 4

2) 적용 선박

부속서I은 모든 선박에 적용된다. 유탱커는 아니지만 산적의 기름을 적재하기 위하여 건조되고 사용되는 화물창의 용적합계가 200㎥ 이상인 선박은 이 부속서I의 유탱커에 관한 규정이 적용된다. 단, 화물탱크 용적의 합계가 1,000㎥ 미만인 경우 기름배출감시제어장치 및 슬롭탱크의 설치는 면제할 수 있으며 모든 오염된 세정수는 반드시 육상수용시설에 배출해야 한다. 수중익선, 공기부양선 및 기타 새로운 형태의 선박 구조적 특징으로 인해서 부속서I을 적용하는 것이 비합리적이거나 불가능한 경우에는 기국이 이 부속서의 적용을 면제할 수 있다.

3) 적용 제외

다음에 해당하는 상황에는 부속서에 따른 기름 배출 규정의 적용을 제외한다.

① 선박의 안전을 확보하거나 인명을 구조하기 위하여 필요한 기름 또는 유성혼합물의 해양배출 또는

② 손상으로 발생된 기름의 배출. 다만, 손상의 발생 또는 발견 후에 배출을 방지하거나 최소화하기 위하여 합리적인 모든 조치가 현장에서 이루어져야 한다.

③ 오염사고를 최소화하기 위해 특수한 오염사고 방제용으로 사용되는 기름을 함유하는 물질의 해양배출은 주관청에 의해 승인될 것. 그리고 이러한 행위가 행하여지는 것이 예상되는 장소를 관할하는 정부의 승인을 받아야 한다.

4) 선박검사

(1) 대상 선박

총톤수 150톤 이상의 유조선과 총톤수 400톤 이상의 유조선 외의 선박은 이 협약에 따른 기국 주관청[33]의 선박검사를 받고 국제기름오염방지(International Oil Pollution Prevention Certificate, 이하 'IOPP증서')를 발급받아야 한다.

(2) 검사의 종류

① 최초검사(initial survey) : 선박이 항행에 사용되기 전 또는 IOPP증서 발급 전에 실시되는 최초 검사

② 정기검사(renewal survey) : 5년을 초과하지 않는 간격으로 지정되어 IOPP증서를 갱신하기 위해 실시되는 정밀한 검사

③ 중간 검사(intermediate survey) : IOPP증서의 2번째 연차일 전후 3개월 이내 또는 3번째 연차일 전후 3개월 이내에 실시하는 검사

④ 연차 검사(annual survey) : 중간 검사 제외를 제외한 IOPP증서의 매 연차일 전후 3개월 이내에 실시하는 검사

⑤ 추가 검사(Additional Survey) : 해양오염사고가 발생하여 관련 설비의 수리 또는 교환이 요구될 때 상황에 따라 설비의 전체 또는 부분을 대상으로 실시되는 검사

(3) 증서의 유효기간 및 효력

IOPP증서는 5년을 초과하지 않는 범위에서 기국의 주관청이 발급한다. 정기검사가 완료되었으나 새로운 증서를 구(舊)증서의 만료일 전에 발행될 수 없거나, 또는 그 선박에 비치할 수 없는 경우에는 주관청에 의하여 위임을 받은 사람 또는 인정단체(Recognized Organization, 이하 'RO')가 현 증서에 배서(서명)할 수 있다. 증서는 만료일로부터 5월을 초과하지 않는 연장 기간에 대해서만 유효한 것으로 인정된다. 외국 선박의 기국이 타 당사국에게 선박검사를 요청할 경우에도 실시하고 IOPP증서를 발급하거나 배서(서명)할 수 있다.

33) 주관청(administration)이란 MARPOL협약의 집행을 담당하는 선박의 기국의 주무관청을 말한다.

5) 기관구역 요건

(1) 유성잔류물(oil residues)탱크와 국제표준배출구

총톤수 400톤 이상의 모든 선박은 연료유와 윤활유의 청정 및 기관구역에서의 기름 누설로 발생된 유성잔류물을 수용하기 위한 적절한 용량의 탱크(유성잔류물탱크)를 설치하여야 한다. 유성잔류물탱크는 표준배출구[34]를 통한 육상양육처리를 제외하고는 선외연결이 금지된다.

(2) 설비

① 기름필터링장치(oil filtering equipment)

가) 기국이 형식승인한 15ppm(part per million) 기름필터링장치를 설치하여야 한다. 이러한 장치를 기국이 승인하는 데 있어서 IMO가 개발한 형식승인기준을 고려해야 한다. 기름필터링장치의 형식승인기준은 MEPC결의(resolution)[35]로 채택되고 있으며 최신 결의는 최신 MARPOL협약문의 각주로 표기되고 있다.

34) 선박소유자는 선박기관구역의 빌지 및 유성잔류물을 선외로 배출하기 위한 배출관과 양육설비쪽의 이송관이 연결될 수 있도록 선박양현의 배출관에 다음의 규격을 만족하는 국제표준배출구를 설치하여야 한다.

항 목	치 수
바깥지름	215 mm
안지름	관의 바깥지름에 따른 지름
볼트의 지름	183 mm
플랜지의 홈	지름이 22 mm인 구멍 6개를 위에 명시된 볼트지름을 고려하여 동일한 간격으로 배치하여 플랜지의 가장자리까지 홈을 만든다. 홈의 너비는 22 mm 이다.
플랜지의 두께	20 mm
볼트 및 너트의 개수 및 지름	각각 20 mm의 지름 및 적당한 길의 것 6개
플랜지는 최대 125 mm의 안지름가지 관을 부착할 수 있도록 설계되고 강재 또는 기타 동등한 재질의 것으로 평평한 면을 가진 것이어야 한다. 방유 가스켓을 사용하는 플랜지의 경우 600kPa의 상용압력에 견딜 수 있는 것이어야 한다.	

35) 형식승인기준은 Res.MEPC.107(49) 참조.

나) 총톤수 10,000톤 이상의 모든 선박
총톤수 10,000톤 미만의 선박에 요구되는 기름필터링장치에 추가하여 이 장치의 정상적인 작동유지가 곤란한 경우 자동으로 경보가 발생하고 처리된 유성혼합물의 유분 농도가 15ppm을 초과하는 경우 자동으로 배출을 정지시키는 기능이 있어야 한다.

다) 총톤수 400톤 미만의 선박
유성혼합물을 선내에 저장할 수 있는 저장탱크 또는 총톤수 10,000톤 미만의 선박에 요구되는 기름필터링장치를 선내에 설치해야 한다.

라) 설치 면제(waive) 선박
해양에 기름의 배출을 금지하기 위해서 선내저장탱크가 설치되어 있거나 선박이 입항하는 항만에 육상수용시설이 확보되어 있다는 전제 조건을 만족했을 경우, 기국은 부속서Ⅰ의 특별해역 내에서만 운항하는 선박, 선박왕복 운항시간이 24시간을 초과하지 않는 항로에 투입된 고속선(SOLAS협약의 고속선 기준을 만족하는 선박) 또는 이러한 선박의 배치(이동)에만 이용되는 선박에 한해 기름필터링장치를 면제할 수 있다.

마) 호텔선, 고정된 선박 등
항해의 목적으로 사용되지 않으므로 기름필터장치를 설치할 필요가 없지만 모든 유성혼합물을 선내에 보관할 수 있는 적절한 용적의 선내저장탱크를 갖추어야 한다. 저장된 유성혼합물은 육상수용시설에 배출한다.

6) 기관 구역으로부터 기름 배출 기준

(1) 총톤수 400톤 이상의 선박

① 특별해역 밖 배출 기준

가) 선박이 항행 중[36]일 것

나) 유성혼합물이 기름필터링장치를 통과하였을 것

36) 부속서Ⅰ 통일해석에서는 다음과 같이 정의하고 있음. "En route means that the ship is underway at sea on a course or courses, including deviation from the shortest direct route, as far as practicable for navigation purpose, will cause any discharge to be spread over as great an area of the sea as in reasonable and practicable."

다) 유출액 중의 유분이 희석되지 아니하고 15ppm 이하일 것
라) 유조선의 경우 펌프룸의 유성혼합물이 혼합되지 않았을 것
마) 유조선의 경우 유성혼합물이 화물잔류물과 혼합되지 않았을 것

② 남극[37]을 제외한 특별해역 내 기름 배출 기준

가) 선박이 항행 중일 것
나) 유성혼합물이 기름필터링장치(유분농도경보장치 및 배출차단장치를 추가로 설치, 즉 총톤수 10,000톤 이상에게 요구되는 설비를 갖출 것)를 통과하였을 것
다) 유출액 중의 유분이 희석되지 아니하고 15ppm 이하일 것
라) 유조선의 경우 펌프룸의 유성혼합물이 혼합되지 않았을 것
마) 유조선의 경우 화물잔류물과 혼합되지 않았을 것

(2) 총톤수 400톤 미만의 선박(항해 구역 중 남극은 제외)

선내에 저장/보관한 후 전량 수용시설이 배출하거나 또는 (1)의 요건에 따라 배출할 수 있다.

7) 연료유 탱크의 선박평형수 적재(제16규칙)

대량의 연료유를 적재해야 하는 경우에 연료유 탱크에 연료유로 오손된 선박평형수를 적재하였을 경우에는 선박평형수가 연료유로 오손되었기 때문에 기름필터링장치를 통하여 해양에 배출할 수 있다. 해양에 배출하였을 경우 이러한 사실을 기름기록부(oil record book)에 작성하여야 한다.

37) 남극에서는 선박으로부터 일체의 기름 및 유성혼합물의 해양배출도 금지한다.

8) 기름기록부의 작성(제17규칙)

(1) 기관구역에서의 기름기록부 작성

기름기록부는 OILPOL협약 채택당시부터 선박의 기름관리를 모니터링하기 위한 목적으로 이행되고 있다. 총톤수 150톤 이상의 모든 유탱커와 유탱커 이외의 총톤수 400톤 이상의 선박에서는 기름기록부Ⅰ(기관구역의 작업)을 작성, 비치하여야 한다. 기름기록부Ⅰ은 공식항해일지의 일부 또는 다른 형식으로 존재할 수 있지만 부속서의 양식과 작성법을 준수해야 한다.

(2) 기록 사항

선박의 기관구역에서 모든 탱크에서 탱크 이송작업을 포함해서 다음의 작업에 대하여 기록하여야 한다.

① 연료유 탱크에 선박평형수 적재 또는 세정
② 연료유 탱크로부터 오염된 평형수 또는 세정수 배출
③ 유성잔류물의 수집 또는 처분
④ 기관구역 유성혼합물의 선외 배출 또는 기타 방법에 의한 처분
⑤ 연료유 또는 윤활유의 수급

(3) 작성 및 관리

모든 작업은 기름기록부에 지체 없이 기록되어야 한다. 완료된 각 작업은 담당 선박직원 또는 책임선박직원에 의해 서명되고 작성이 완료된 모든 페이지에 선장이 서명하여야 한다. 기름기록부는 마지막 작성일로 부터 3년간 선내에 보관되어 있어야 한다.

(4) 검사

항만국은 외국 선박이 관할 항내 또는 터미널에 있는 동안에 기름기록부를 점검할 수 있다. 기록부의 사본을 본선 선장으로부터 진정한 사본임을 확인받고 인증을 요구할 수 있다. 선장이 인정한 사본은 법적 소송에서 증거물로 인정받을 수 있다. 그러나 어떠한 경우에도 항만국의 권한 있는 주관청이 현장 점검을 실시하면서 외국 선박의 부당한 지연을 발생시켜서는 안 된다.

9) 기름오염사고로부터의 오염방지(제37규칙, 제40규칙)

(1) 선박기름오염비상계획서

① 대상 선박

총톤수 150톤 이상의 모든 유탱커 및 총톤수 400톤 이상의 유탱커 이외의 모든 선박은 기국의 승인을 받은 선박기름오염비상계획서(Shipboard Oil Pollution Emergency Plan, 이하 'SOPEP')를 비치하여야 한다.

② SOPEP 요건

선원의 작업언어로 작성되어야 하며 다음의 내용을 담고 있어야 한다.

가) MARPOL협약에 합치하는 기름오염사고보고에 대한 선장 또는 선박의 책임자가 실시해야 하는 절차
나) 기름오염사고 발생 시 연락해야 할 기국의 주관청 또는 권한 있는 사람의 목록
다) 사고에 따른 기름의 유출을 감소시키거나 통제하기 위하여 본선 선원이 신속하게 실시해야 하는 조치에 관한 상세 내용
라) 국가기관 및 지역 내 담당 기관과 공동으로 기름오염방제 작업을 실시하기 위한 선박의 절차 및 연락책

SOPEP이 협약 부속서Ⅱ에 적용을 받는 선박인 경우에는 유해액체물질 해양오염비상계획서와 통합될 수 있다. 이 경우에는 선박해양오염비상계획서(Shipboard Marine Pollution Emergency Plan, 이하 'SMPEP'))라 한다. 추가하여 재화중량 5,000톤 이상의 모든 유탱커는 육상사무실에 전산화된 손상복원성 및 잔류강도 프로그램에 신속하게 접근할 수 있어야 한다.

10) 수용시설 요건(제38규칙)

(1) 특별해역 밖 수용시설 요건

협약 당사국은 기름의 선적항, 수리항 및 선박으로부터 유성잔류물을 배출할 필요가 있는 기타의 항구에 선박의 유성잔류물 및 유성혼합물을 수용하고 입항 선박의 부

당한 출항지연을 방지하기 위한 목적으로서 적절한 육상수용시설을 확보하도록 조치해야 한다. 다소 표현에 있어서 항만국이 반드시 제공할 법적의무를 부여하고 있지 않으며 특별해약 내 수용시설의 요건과 비교해서 당사국의 재량을 폭넓게 인정하고 있다.

(2) 특별해역 내 수용시설

특별해역에 접하는 모든 당사국은 선내 기름으로 오염된 선박평형수, 세정수, 유성잔류물 및 유성혼합물을 수용하기 위한 적절한 수용시설을 설치하여야 한다. 이 규정은 특별해역 내 엄격한 배출기준과 함께 항만국으로 하여금 수용시설의 설치를 의무화함으로써 선박에게 시설을 이용할 수 있는 권리를 보장하고 있다.

5.3.2 유해액체물질 의한 오염의 방지를 위한 규칙(부속서II)[38]

1) 적용

(1) 대상 선박(제2규칙)

이 부속서의 규정은 유해액체물질(Noxious Liquid Substance, 이하 'NLS')을 산적(bulky)운송하는 모든 선박에 적용한다. 부속서 I 을 적용받는 기름을 NLS탱커의 화물창에 적재하는 경우에는 이 협약 부속서 I 의 규정도 적용된다.

(2) 예외(제3규칙)

다음의 상황에는 이 부속서의 적용을 예외 한다.

① 선박의 안전을 확보하거나 인명구조를 위해 NLS 또는 그 혼합물을 의도적으로 배출한 경우, 또는

38) 1987년 4월 6일 발효되었다.

② 선박 또는 설비의 손상으로 발생된 기름의 배출. 다만, 손상의 발생 또는 발견 후에 배출을 방지하거나 최소화하기 위하여 합리적인 모든 조치가 현장에서 이루어져야 한다. 그러나 선주 또는 선장이 고의로 유발했거나 또는 부주의로 발생했으며 손상결과에 대하여 충분한 지식을 가지고 있는 경우에는 제외된다.

③ 오염피해를 최소화하면서 특수한 오염사고에 대응하기 위한 목적으로 선박의 기국 주관청이 오염물질의 해양배출을 허가한 경우에는 제외된다. 다만, 기국의 수역 밖에서 배출이 이루어질 경우에는 해당 수역을 관할 하는 연안국(또는 항만국)의 승인을 받아야 한다.

2) 유해액체물질의 분류(제6규칙)

(1) 유해액체물질 분류 및 정의

① X류 : 탱크 세정 또는 선박평형수 배출 작업으로 해양에 배출된 경우로서 해양자원이나 인체에 상당한 위해를 미치는 것으로 간주되므로 해양환경으로 배출을 금지하는 것이 정당하다고 판단되는 유해액체물질

② Y류 : 해양자원이나 인체에 위해를 미치거나 해양의 상태 또는 기타 적법한 이용에 있어서 위해를 유발하기 때문에 해양환경으로의 배출물의 품질과 양을 제한하는 것이 정당하다고 판단되는 유해액체물질

③ Z류 : 해양자원이나 인체에 위해를 미치거나 해양의 상태 또는 기타 적법한 이용에 있어서 경미한 위해를 유발하기 때문에 해양환경으로의 배출물의 품질과 양을 제한하는 것이 정당하다고 판단되는 유해액체물질

④ 기타 물질(OS) : IBC(International Bulk Chemical Code)코드의 제18장의 오염분류에서 OS로 표시된 것으로, 탱크 세정 또는 평형수 배출 작업 중에 해양으로 배출할지라도 선내 작업이나 인체에 경미한 위해를 주거나 해양의 적법한 이용에 위해가 없다고 간주되어 유해액체물질로 분류되지 않은 액체물질을 말한다. 이 기타 물질만을 포함한 선저폐수, 평형수, 기타 잔류물 또는 혼합물의 배출은 이 부속서의 어떠한 규정에도 적용받지 아니한다.

(2) 잠정물질의 운송

분류되지 않은 유해액체물질을 산적 운송하기 위한 신청이 있는 경우에는 신청된 운항과 관련된 당사국 정부는 잠정 평가를 확정하고 운항을 승인하여야 한다. 관련국의 주관청(화주국과 생산국) 사이에 완전한 합의가 이루어질 때까지 해당 물질의 운송은 금지된다. 정부 간의 합의가 이루어진 후 30일을 초과하지 않는 가능한 빠른 기간 내 관련국의 주관청은 IMO에 관련 사실을 통보하고 물질의 상세와 잠정평가결과를 제공하여 모든 당사국이 회람할 수 있도록 조치해야 한다.

3) 선박검사 및 증서(제7규칙, 제8규칙)

(1) 선박검사

유해액체물질을 산적 운송하는 선박은 증서의 법적 효력을 유지하기 위한 목적으로 해당 검사일이 도래하거나 설비의 변경이 발생할 경우에 해당 검사목적에 따라 최초검사, 정기검사, 중간검사, 연차검사, 추가검사를 기국이 지명한 검사관 또는 RO로부터 받아야 한다.

(2) 증서

최초검사 및 정기검사가 종료된 후에는 유해액체물질의 산적운송을 위하 국제오염방지증서(International Pollution Prevention Certificate for the Carriage of Noxious Liquid Substances in Bulk, 이하 'NLS증서'))가 주관청 또는 RO로부터 발급되거나 이서되어야 한다. 증서의 발급 등 업무를 RO가 대행할 경우라도 주관청은 발급된 NLS증서에 관한 모든 책임을 진다.

(3) 선박의 설계, 구조 및 설비 등

케미컬탱커가 1986년 7월 1일 이후에 건조된 경우 IBC(International Bulk Chemical Code) 코드에 따른다. 그러나 IBC코드에 적용받지 아니하는 선박에 대해서는 BCH(Bulk Chemical Code) 코드를 적용한다.

4) 유해액체물질 배출 기준 및 통제

(1) 대상 물질

X, Y 또는 Z로 분류된 물질의 잔류물, 잠정평가된 물질 또는 이를 함유한 선박평형수 및 탱크세정수 그리고 이들과 혼합된 액체물질 등을 해양에 배출 금지한다.

(2) 배출기준

① 선박이 자력으로 추진하는 선박(자항선)인 경우 7노트 이상, 비자항선의 경우 4노트 이상의 속력으로 항행 중일 것

② 수면 아래 배출이 최대 배출률을 초과하지 않으면서 수면 아래 배출구를 통하여 배출할 것

③ 가장 가까운 육지로부터 12해리 이상 떨어진 수심 25 m 이상의 장소에서 배출할 것

④ 2007년 1월 1일 전에 건조된 선박에 대하여, Z류 물질 또는 그러한 것으로 잠정평가된 물질의 잔류물 또는 이들 물질을 함유하는 선박평형수, 탱크세정수 또는 기타의 이들이 혼합된 물질의 배출과 관련하여 수선 아래로 해양배출은 강제요건이 아니다.

⑤ 당사국의 관할 수역 내에서만 항해하는 선박으로서 Z류 물질에 한해 거리 요건(12해리 이상)의 적용을 면제할 수 있다. 주관청은 제3자가 영향을 받지 아니하는 것을 조건으로 인접한 두 연안국이 면제를 합의하여 시행할 수 있으며, 체결된 협정에 대한 정보를 다른 당사국에 회람하도록 30일 이내 IMO에게 통보하여야 한다.

(3) 화물기록부(cargo record book)

① 공식항해일지의 일부로서 또는 기타의 형식으로 선내에 비치한다.

② 유해액체물질 또는 그러한 물질을 함유하는 혼합물의 배출 사고 또는 부속서에서 예외로 규정하고 있는 사고로 인해 유해액체물질이 배출되었을 경우, 배출의 상황 및 이유를 화물기록부에 기재해야 한다.

③ 화물의 적하, 선내 이송, 양하, 강제예비세정 등 부속서II 부록 2에 따라 관련 내용을 기록해야 한다.

④ 당사국은 부속서의 적용을 받는 외국 선박이 항만에 있는 동안 선박에 비치되어 있는 화물기록부를 점검할 수 있으며 당해 기록부의 어떠한 사항에 대해서도 사본을 작성하여 사본의 인정을 선장에게 요구할 수 있다. 선장이 인정한 사본은 법정 소송에 있어서도 사실의 증거로 이용될 수 있다. 이 항의 규정에 따라 항만국이 실시하는 화물기록부의 점검 활동 등으로 인해서 외국 선박에게 부당한 운항 지연을 유발해서는 안 된다.

5.3.3 선박으로부터의 분뇨에 의한 오염방지를 위한 규칙 (부속서 Ⅳ)[39]

1) 분뇨(sewage)

다음에 해당하는 해양오염물질을 말한다.

① 모든 형태의 화장실 배수구로부터의 배수 및 기타의 폐물

② 의료구역(의무실, 병실 등)의 세면기 등의 배수구로부터의 배수

③ 살이 있는 동물이 있는 장소로부터의 배수

④ 위의 배수와 혼합된 기타의 배수

39) 2003년 9월 27일 발효되었다.

2) 적용

(1) 대상 선박(규칙 제2조)

총톤수 400톤 이상의 선박과 15인을 초과하는 사람의 승선이 허용된 총톤수 400톤 미만의 선박에 대해서 이 부속서의 규칙을 적용한다.[40]

(2) 예외(규칙 제3조)

다음의 상황에는 이 부속서의 적용을 예외한다.

① 선박과 선내 인명의 안전을 해상에서 확보하기 위해서 선내 분뇨를 배출한 경우,

② 선박 또는 설비의 손상으로 인해서 분뇨가 배출되었을 경우에는 손상 전후에 배출을 방지하거나 최소화하기 위해서 합리적인 모든 조치가 현장에서 이루어진 것을 조건으로 한다.

3) 선박검사(규칙 제4조)

부속서Ⅳ에 의한 국제분뇨오염방지검사는 선박이 항행에 사용되기 전에 실시되는 최초검사, 정기적인 검사 및 추가검사가 있으며 분뇨처리장치, 분뇨마쇄소독장치 및 분뇨저장탱크 및 이와 관련한 배관 등이 검사의 대상이 된다.

선박에 설치된 분뇨처리장치 또는 분뇨마쇄소독장치는 IMO가 개발한 형식승인기준 또는 이와 동등한 수준의 기준에 따라 기국의 주관청이 승인한 설비를 설치해야 한다. 이 부속서에 따른 선박검사에 합격한 선박에는 기국 주관청 또는 RO가 5년을 초과하지 않는 범위 내에서 국제분뇨오염방지증서(International Sewage Pollution Prevention Certificate, 이하 'ISPP증서')를 발급해야 한다.

40) 동 부속서의 규정은 이 부속서가 발효된 날로부터 5년 후에는 현존선에도 적용된다. 동 부속서는 2003년 9월 27일 발효되었다.

4) 설비 요건

(1) 분뇨오염방지설비(규칙 제9조)

① 분뇨처리장치

IMO에서 채택한 형식승인기준 또는 동등한 수준의 기준에 따라 기국의 주관청이 형식승인한 장치를 말한다. 이 승인기준은 특별해역 밖에서 항해하는 선박과 특별해역 내에서 항해하는 여객선에 설치되는 장치의 기준으로 구분되어 있다.

② 분뇨마쇄소독장치

기국의 주관청의 승인을 득하여야 한다. 일반적으로 국제항해에 종사하지 않는 선박에 설치된다.

③ 저장탱크

선내에서 발생된 분뇨를 저장하였다가 항행 중에 배출하기 위한 목적으로 설치된다. 탱크의 용량은 선박의 운항, 승선인원 및 기타 관련 요인을 고려하여 선내 발생하는 분뇨를 저장하기에 충분해야 하며 기국 주관청의 승인을 받아야 한다. 특별해역을 항해하는 여객선의 경우, 이 부속서에 따른 설비 기준을 만족하는 분뇨처리장치를 설치하지 않으며 해양배출이 금지되므로 모든 분뇨를 저장하였다가 육상에 양육하거나 특별해역을 벗어난 후에 해양에 배출해야 한다. 저장탱크는 반드시 저장량을 시각적으로 확인할 수 있는 수단(수위기)이 있어야 한다.

(2) 표준배출연결구

육상에 분뇨를 양육하기 위한 목적으로 이 협약에 따른 분뇨용 표준배출연결구[41]를 선박에 설치해야 한다.

5) 분뇨 배출 기준

(1) 모든 수역에서의 여객선 외 모든 선박 및 특별해역 밖 여객선의 분뇨 배출 기준

다음의 기준은 연안국의 관할 수역 내에서만 항해하는 선박과 항만국의 더욱 완화된 배출기준을 적용받는 외국 선박에는 적용하지 않는다. 즉, 국내항해선박과 이 부속서의 배출기준보다 완화된 항만국의 법령에 따라 분뇨를 배출하는 선박에는 적용하지 않는다.

① 분뇨마쇄소독장치 및 분뇨저장탱크

육지로부터 3해리 이상의 거리에서 기국으로부터 승인받은 분뇨마쇄소독장치를 사용하여 분쇄하고 소독한 분뇨를 4노트 이상의 속도로 항해 중에 승인된 배출률을 유지하면서 배출해야 한다. 육지(영해 폭의 기준선을 말함)로부터 12해리 넘는 밖에서는 분쇄하지 않거나 소독하지 않은 분뇨, 즉 분뇨저장탱크에 저장되어 있는 분뇨 또는 화장실에서 발생한 분뇨를 기국이 승인한 배출률을 유지하면서 배출해야 한다.

41) 표준배출구 치수

항목	치수
바깥지름	210 mm
안지름	관의 바깥지름에 따른 지름
볼트원의 지름	170 mm
플랜지의 홈	지름이 18 mm인 구멍 4개를 위의 지름, 트원상에 같은 간격으로 배치하여 플랜지의 가장자리까지 홈을 만든다. 홈의 너비는 18 mm
플랜지의 두께	16 mm
볼트 및 너트의 개수 및 지름	각각 직경 16 mm로서 적당한 길이의 것 4개
플랜지는 최대 100 mm의 안지름의 관까지 부착할 수 있도록 설계되어 있고, 강제 또는 기타 동등한 재질의 것으로 평평한 면을 가진 것이어야 한다. 이 플랜지는 적합한 개스킷을 사용한 경우 상용압력 600 kPa을 견딜 수 있는 것이어야 한다. 5 m 이하의 형심을 가진 선박에 대하여는 배출연결구의 안지름은 38 mm로 할 수 있다.	

② 분뇨처리장치

분뇨처리장치가 기국으로부터 승인되었고 해당 장치가 ISPP증서에 기재되어 있으며 운전 중에 배출된 처리수 주위에 눈으로 볼 수 있는 부유고형물 또는 변색이 발생하지 않았다면 해양배출이 허용된다. 분뇨마쇄소독장치와 달리 육지로부터 배출 거리와 선박의 속력을 조건으로 규정하고 있지 않으므로 항만국의 법령이 이 부속서의 규정보다 엄격하지 않는 한 항 내에서 배출이 허용된다.

(2) 특별해역 내에서 여객선으로부터의 분뇨 배출 기준

특별해역 내 여객선[42]에만 적용하며 특별해역 내에서 분뇨를 배출하고자 하는 여객선은 IMO에서 채택한 형식승인기준(특별해역을 항해하는 여객선에 적용되는 기준)에 따라 기국으로부터 형식승인을 획득한 분뇨처리장치를 통해서만 가능하다. 그러나 이러한 배출금지 규정은 여객선으로부터 배출되는 분뇨를 수용할 수 있는 육상시설이 특별해역과 인접한 연안국의 항만에 설치되면 발효된다.

6) 수용시설

(1) 특별해역 외

당사국 정부(항만국)는 항구 및 터미널에 분뇨를 수용하기 위하여 선박에 부당한 지연을 유발하지 않으면서 선박의 요구에 부응할 수 있는 수용시설을 설치해야 한다. 작은 도서 개발도상국은 특별한 상황을 고려하여 지역적 합의를 통해 이행할 수 있으며 IMO가 개발한 지침서를 고려하여 지역적 수용계획서를 개발하여야 한다.

42) 2016년 1월 1일 이후에 용골 거치된 신조 여객선과 2018년 1월 1일 이후에는 현존 여객선에 대하여 적용한다.

(2) 특별해역 내

특별해역과 해안선에 접하는 당사국은 관할권 내 항만에 입항하는 여객선으로부터 육상으로 배출되는 분뇨를 처리하기 위한 설비를 설치해야 한다. 수용시설을 설치하였다 할지라도 특별해역에서 협약 기준이 시행되기 위해서는 해당 해역의 당사국은 IMO에 통보하여야 하며, 통보를 받은 IMO는 특별해역 발효일보다 적어도 12개월 전에 모든 당사국에게 통보하여야 한다(수용시설은 특별해역 발효와 연계되어 있음). 발효일 이전까지 여객선은 타 선종의 배출 요건에 따라 분뇨를 배출할 수 있다.

7) 항만국 통제

당사국의 항만에 입항한 외국 선박의 선장 또는 선원이 분뇨에 의한 오염방지와 관련된 선내의 필수절차에 미숙하다는 믿을 만한 명백한 근거가 있는 경우에는 당사국(항만국)은 항만국 통제를 실시할 수 있다. 항만국은 이 부속서의 요건을 위반한 중대한 결함을 발견하였을 경우, 시정조치가 완료될 때까지 선박의 출항을 정지해야 한다.

5.3.4 선박으로부터의 폐기물에 의한 오염방지를 위한 규칙 (부속서 V)[43]

1) 정의

(1) 화물잔류물

이 협약의 다른 부속서에도 적용되지 않은 화물의 잔존물로서 젖거나 건조한 상태 또는 세정수가 혼합되어 있는 선적 또는 하역 시의 유출물을 포함해서 갑판이나 화물창에 남아있는 잔존물을 말한다. 다만 청소 후 갑판 위의 먼지(이물질)는 포함되지 않는다.

(2) 폐기물

MARPOL협약의 다른 부속서에 정의되어 있거나 열거된 물질을 제외한 선박의 일상

43) 1988년 12월 31일 발효되었다.

적인 운항 중에 발생하고 연속적으로 또는 주기적으로 처분되는 모든 종류의 음식폐기물, 생활폐기물, 운항상 폐기물[44], 모든 플라스틱, 화물잔류물, 소각재, 식용유, 어구 및 동물 사체를 말한다. 다만 항해 중에 이루어지는 어업활동 또는 양식설비로 이동시키기 위한 갑각류를 포함한 어류의 이송 그리고 포획한 어류의 처리를 위해 육상으로의 이송하는 활동 중에 발생하는 어획물과 그 일부로 구성된 폐기물은 포함되지 않는다.

2) 적용

명시적으로 달리 규정하지 않는 한[45], 이 부속서의 규정은 모든 선박에 적용한다.

3) 폐기물 배출 기준

(1) 특별해역 외(규칙 제4조)

합성 로우프, 합성 어망 및 플라스틱제의 폐기물 통 등을 포함한 모든 플라스틱류의 해양배출을 금지한다. 화물창 내 세정작업 중 포함된 세정제 또는 세정첨가제, 갑판 및 선체의 세정수는 해양으로 배출될 수 있지만 해양환경에 유해 물질이 아님이 증명되어야 한다. 폐기물이 다른 배출 요건을 가지거나 배출이 금지된 기타의 물질에 의해서 오염되었을 경우에는 더욱 엄격한 배출 요건을 적용한다.

음식폐기물이 25 mm 이하의 구멍을 가진 스크린을 통과할 수 있도록 분쇄 또는 연마되었을 경우에는 가장 가까운 육지로부터 최소한 3해리 이상 떨어진 가능한 먼 곳에서 항해 중에 배출할 수 있다. 반면에 처리되지 않은 음식폐기물은 12해리 이상 떨어진 해상에 배출할 수 있다. 그러나 선원의 건강에 즉각적인 위협을 줄 수 있는 경우에는 항해 중이 아니어도 해양배출이 가능하다.

44) 화물의 적재 및 취급을 위해 사용되거나 통상의 선박의 운항 또는 정비로 인하여 선내에 수집되는 다른 부속서에 의하여 규제받지 아니하는 모든 고체폐기물을 말한다.

45) 부속서V 규칙 제7조(적용 제외) : 안전을 확보하거나 인명을 구조하기 위한 목적, 선박 또는 설비의 손상으로 인한 의도하지 않은 분실, 단 손상이 발생 전후에 우발적인 분실을 방지하거나 최소로 하기 위하여 합리적인 모든 조치가 취하진 것을 조건으로 한다. 또는 선박으로부터의 어구의 손실사고, 이 경우에도 선박에서 이를 방지하기 위한 조치가 취해져야 한다. 또는 해양환경보호 또는 선원의 안전으로 부터의 어구 배출은 예외로 한다.

(2) 특별해역 내(규칙 제6조)

① 남극해역을 제외한 특별해역

해양에 배출이 가능한 폐기물은 특별해역 내에서 더욱 엄격한 배출 기준이 적용된다. 분쇄된 음식폐기물의 배출은 12해리 이상의 해역에서만 가능하다.[46] 화물세정수는 원칙적으로 특별해역 내에서 배출이 금지되나, 다음의 3가지 조건을 충족할지라도 가장 가까운 육지 또는 빙산으로부터 12해리 이상 멀리 떨어진 해상에서 배출해야 한다. 갑판 및 선체 세정수에 포함된 세정제 또는 세정첨가제는 배출할 수 있지만 화물세정수와 같이 유해한 물질이 포함되어서는 안 된다.

가) 화물잔류물, 화물창 내에 포함된 세정제 또는 세정첨가제는 IMO가 개발한 지침을 고려하여, 해양환경에 유해하다고 분류된 물질을 포함하지 아니할 것
나) 출항한 항만과 입항할 항만이 특별해역 내에 있으며, 선박은 항만 간의 항해에 있어서 특별해역을 벗어나지 않을 것
다) 항만 내 수용시설이 없을 것

② 남극해역

남극해역을 향하거나 남극해역으로부터 항해한 선박이 입항하는 항만이 위치한 당사국은 선박의 요구에 따라 지연 없이 모든 선박으로부터의 모든 종류의 폐기물을 수용할 수 있는 적절한 수용시설을 가능한 빨리 제공해야 할 의무가 있다. 당사국은 국적선이 남극해역에 진입하기 전에 남극해역 항해 중에 발생하는 폐기물을 선내 저장할 수 있는 충분한 용량의 시설을 갖추고 그 해역을 벗어난 후 모든 폐기물을 양육하기 위한 장치를 선내에 설치하였음을 확인하여야 한다.

46) 추가하여 가금육(poultry) 및 가금류(poultry part)를 포함한 생산품은 살균소독 처리가 되었다 할지라도 남극해역에서의 배출은 금지된다.

(3) 해양구조물의 특별요건(규칙 제5조)

고정식 또는 이동식 플랫폼과 이와 같은 플랫폼에 접안되어 있거나 500 m 이내에 있는 모든 선박으로부터 이 부속서의 규제를 받는 물질의 처분을 금지한다. 그러나 육지로부터 12해리 이상 떨어진 위치에 있는 경우에는 25 mm 이하의 구멍을 가진 스크린을 통과할 수 있도록 분쇄되거나 연마된 음식폐기물을 배출할 수 있다.

4) 수용시설(규칙 제8조)

당사국은 관할권 내 위치한 항만에 입항한 선박의 부당한 지연을 방지하기 위한 육상 수용시설을 설치하여야 한다. 특별해역에 접하는 해안선에 인접한 당사국은 이들 해역에서 운항하고 있는 선박의 엄격한 배출 기준을 고려하여 모든 항만에 적절한 수용시설을 설치하여야 한다.

[표 5-3] 폐기물 투기 기준

<table>
<tr><th rowspan="2">폐기물 종류</th><th colspan="2">해상구조물을 제외한 모든 선박</th><th rowspan="2">해상구조물</th></tr>
<tr><th>특별해역 외</th><th>특별해역 내</th></tr>
<tr><td>분쇄되거나 연마된 음식물</td><td>항해 중 3해리 이상</td><td>항해중 12해리 이상</td><td>투기 가능</td></tr>
<tr><td>분쇄되거나 연마되지 않은 음식물</td><td>항해 중 12해리 이상</td><td>투기 금지</td><td>투기 금지</td></tr>
<tr><td>세정수 미포함된 화물잔류물</td><td rowspan="2">항해 중 12해리 이상</td><td>투기 금지</td><td rowspan="2">투기 금지</td></tr>
<tr><td>세정수 포함된 화물잔류물</td><td>항해 중 12해리 이상</td></tr>
<tr><td>화물창 세정수에 포함된 세정제 및 세정 첨가제</td><td rowspan="2">투기 금지</td><td>항해 중 12해리 이상</td><td rowspan="2">투기 금지</td></tr>
<tr><td>갑판 및 선체외부의 세정수에 포함된 세정제 및 세정 첨가제</td><td>투기 금지</td></tr>
<tr><td>동물 사체(해체하거나 즉시 가라 앉도록 조치 필요)</td><td>항해 중 100해리 초과의 최대 수심에서 투기</td><td>투기 금지</td><td>투기 금지</td></tr>
<tr><td>모든 기타 폐기물(플라스틱, 합성로프, 어구, 플라스틱제의 쓰레기 봉지, 소각재, 식용유, 부유성 던니지, 라이닝 및 포장물질, 종이, 넝마, 유리, 금속, 병, 도자기 및 기타 유사한 폐기물)</td><td>투기 금지</td><td>투기 금지</td><td>투기 금지</td></tr>
</table>

5) 폐기물의 감시 및 통제(규칙 제10조)

(1) 플래카드(placard)

선박의 전장 12미터 이상인 모든 선박은 선원과 여객에게 이 부속서에 적용받는 폐기물의 처리요건을 알려주는 플래카드(표 5-3)을 선내에 게시하여야 한다. 플래카드는 해당 선박 선원의 작업언어로 작성되어야 하며, 이 협약의 다른 당사국의 항만에 입항하는 외국 선박은 영어, 불어 또는 프랑스어로 작성되어야 한다.

(2) 폐기물 관리 계획서(garbage management plan)

총톤수 100톤 이상의 선박, 15인 이상의 승선 정원을 갖는 모든 선박 그리고 고정식 또는 이동식 플랫폼에는 선원이 준수하여야 할 폐기물관리계획서를 비치해야 한다. 폐기물관리계획서는 선내 모든 폐기물의 수집, 저장, 처리 및 투기에 대한 절차를 포함하여야 하며 선박소유자는 이 업무의 책임자를 지정하여야 한다. IMO가 개발한 지침서[47]에 근거하여 선원의 작업언어로 작성되어야 한다.

(3) 폐기물 기록부(garbage record book)

총톤수 400톤 이상의 선박, 15인 이상의 사람이 승선하는 선박으로서 국제항해에 종사하는 선박 그리고 고정식 및 이동식 플랫폼에는 폐기물기록부가 비치되어야 한다. 폐기물기록부는 선박의 공식 로그북의 일부거나 이 부속서의 부록에 명시된 양식으로 되어 있어야 한다. 각 양육(해양투기 포함) 작업 또는 소각작업은 폐기물기록부에 기록되어야 하며 폐기물관리계획서상에 지정된 책임 해기사는 작업일자에 서명하여야 한다.[48]

선장은 폐기물기록부의 각 페이지에 서명하여야 한다. 항만국 통제의 대상으로서 최소한 영어 불어, 스페인어로 작성되어야 한다. 만약에 기록이 기국의 공식 언어로 작성되어 있고 외국어 기록과 불일치하거나 분쟁이 발생할 때 기국의 공식언어로 기입된 기록이 우선한다.

---

47) Res. MEPC.220(63) 참조.

48) 당사국 주관청(기국)은 다음의 경우 폐기물기록부의 작성 및 비치 등의 요건을 제외할 수 있다(부속서V 규칙 제10조 제4항).
① 15인 이상을 운송하는 선박으로서 항해기간이 1시간 미만인 모든 선박
② 고정식 또는 이동식 플랫폼

6) 항만국 통제(규칙 제9조)

당사국의 항만에 입항한 외국 선박의 선장 또는 선원이 폐기물에 의한 오염방지와 관련된 선내 필수적인 절차에 익숙하지 못하다고 믿을 만한 명백한 근거가 있는 경우에는 그러한 상황이 이 부속서의 요건을 만족할 때까지 선박의 출항을 정지시키는 조치를 해야 한다.

당사국의 항만에 입항한 외국 선박에 대하여 폐기물기록부와 항해일지를 점검하고 기록부에 기록된 어떠한 내용이든지 복사할 수 있다. 복사된 기록물은 본선의 사본임을 선장에게 인정하도록 요구할 수 있다. 이렇게 인정된 사본은 사실의 증거물로서 법적 소송에서 인정되어야 한다. 그러나 이러한 복사본 확보에 있어서 선박의 부당한 지연을 발생시켜서는 안 된다.

5.3.5 선박으로부터의 대기오염방지를 위한 규칙(부속서 Ⅵ)[49]

MARPOL협약 채택 당시에는 해상에 직접적으로 배출되는 오염물질의 규제에 집중하였다. 그러나 대기오염에 따른 환경문제가 국제적으로 이슈화되고 각국에서도 육상기반시설로부터 배출되는 대기오염물질을 규제하기 시작하면서 선박으로부터 배출되는 대기오염물질 규제의 필요성이 대두되었다.

IMO 내에서의 장기간의 논의 끝에 MARPOL협약 부속서Ⅵ을 신설하는 의정서가 1997년에 채택되었다. 개정 의정서의 발효 이후에는 선박에 설치되어 있는 디젤기관으로부터 배출되는 질소산화물과 산성비의 주원인이 되는 연료유의 황함유량에 대한 규제를 단계적으로 강화한 개정이 2011년에 채택되었다. 또한 선박으로부터 배출되는 온실가스 규제(제4장)를 신설함에 따라 대기오염물질 규제의 범위를 확대하기도 하였다.

49) 1997년 개정 의정서가 채택되어 부속서Ⅵ이 2005년 5월 19일 발효되었으며, 2021년에 채택된 Res.MEPC. 328(76)에 의해서 전면 개정되었다.

1) 용어의 정의(제2조)

(1) 배출(emisssion)

이 부속서에 의해 통제되는 선박으로부터 대기 또는 해상으로의 모든 배출을 의미한다.

(2) 배출통제해역(Emission Control Area, 이하 'ECA')

NOx(질소산화물), SOx(황산화물) 및 PM(미세먼지) 또는 이 3가지 형태의 물질배출로 인해 대기오염 그리고 이것들로 인한 인간의 건강과 환경에 미치는 악영향을 방지, 감소 또는 통제하기 위한 강제조치의 채택이 요구되는 해역을 말한다.

(3) NOx 기술 기준(NOx technical code)

박용 디젤기관으로부터 질소산화물의 배출규제에 관한 국제적인 기준으로서 선박용 디젤기관으로부터 질소산화물의 배출에 관한 기술 Code를 말한다.

(4) 오존층파괴물질

1987년 오존층을 파괴하는 물질에 대한 몬트리올 의정서(Montreal Protocol on Substances that Deplete the Ozone)에서 오존층파괴물질[50]로 규정하는 물질을 말한다.

(5) 에너지효율지수(Energy Efficient Design Index, 이하 'EEDI')

선박으로부터 배출되는 온실가스 배출을 규제하기 위해서 IMO에서 개발된 공식에 따라 계산된 값을 의미한다. 상세 내용은 관련 규칙에서 다루도록 한다.

---

50) 일반적으로 다음의 물질이지만 한정되지는 않는다.
할론 : Halon 1211, Halon 1301, Halon 2402(Halon 114B2).
CFCs 냉매 : CFC-11, CFC-12, CFC-113, CFC-114, CFC-115.

2) 대상 선박(규칙 제1조)

모든 선박에 적용되지만 안전우선 원칙, 불가항력적 배출에는 적용을 예외한다.[51] 이 외에도 당사국의 주관청은 타 당사국과 협의하여 선박의 배출 감소와 통제 기술 및 기관 설계프로그램의 개발을 위한 시운전을 위한 목적으로 이 부속서의 특별한 조항의 면제를 위한 증서를 발급할 수 있다. 또한 해양광물개발 작업으로 인해서 발생하는 배출 및 무인 부선에도 적용하지 않는다.

3) 선박검사, 증서 및 통제 수단(규칙 제5조)

(1) 국제대기오염방지증서(International Air Pollution Prevention Certificate, 이하 'IAPP증서')

① 개요

당사국은 총톤수 400톤 이상인 선박, 고정식 및 부유식 시추선과 플랫폼이 이 부속서의 규칙을 충족여부를 확인하기 위한 이 부속서에 따른 검사를 실시해야 한다. 선박이 운항에 사용되기 전 또는 검사증서 발급 전에 시행하는 최초검사, 정기검사, 중간검사, 연차검사 및 추가검사를 통해서 이 부속서의 규칙을 준수하고 있는지 주기적으로 검사가 실시되어야 한다. 물론, 총톤수 400톤 미만의 선박이라 할지라도 당사국은 적용가능한 이 부속서의 기준을 준수하도록 적절한 조치를 국내법적으로 시행할 수 있다.

② 유효기간

5년을 초과하지 않는 범위에서 기국의 주관청 또는 RO는 IAPP증서를 발급해야 한다. 일반적으로 5년의 유효기간을 가진 증서가 발급되고 있으며 증서의 유효기간을 최대 5개월 이내에서 발급기관이 연장할 수 있다.

51) 예외 : 해상에서 인명을 구조하거나 선박의 안전을 확보하기 위한 배출 또는 선박 또는 그 설비의 손상에 기인하는 방출은 예외된다. 다만, 손상의 발생 또는 방출의 발견 후 그 방출을 방지하거나 최소화하기 위하여 합리적인 모든 조치가 이루어지지 않았거나, 선박소유자 또는 선장이 고의로 손상을 발생시키고 사고가 발생할 우려가 있는데도 이에 대한 안전조치를 실시하지 않은 경우는 제외된다.

(2) 국제에너지효율증서(International Energy Efficiency Certificate, 이하 'IEE증서')

① 개요

당사국은 총톤수 400톤 이상의 신조선[52]은 IEE증서가 발행되기 전에 EEDI의 요건을 만족하는지, 선박에너지효율관리계획서(Ship Energy Efficient Management Plan, 이하 'SEEMP')가 본선에 비치되어 있는지 등을 검사하고 이 부속서의 규정에 따라 IEE증서를 발급한다. 이 증서와 관련된 검사는 신조선이 운항되기 전 또는 IEE증서가 발급되기 전에 이루어지며, 그 이후에는 선박의 주요 개조가 발생할 경우, 즉 EEDI의 변화가 발생하는 경우에 검사를 실시한다. EEDI가 채택될 당시에는 현존선에 EEDI가 적용되지 않고 SEEMP의 선내 비치를 규정하고 있었으나 2021년 6월에 개최된 제76차 MEPC에서 개정 협약(Res.MEPC.328(76))이 채택됨에 따라 현존선에도 에너지효율지수(Energy Efficiency Existing Ship Index, 이하 'EEXI')가 적용된다.

또한 2023년부터 연료유 소모량 보고 및 탄소집약도(Carbon Intensity Rating, 이하 'CII')가 시행됨에 따라서 이 규정을 적용받는 선박에 대해서는 주관청 또는 주관청이 권한을 위탁받은 RO가 전년도 연료유 소모량을 기반으로 산정된 온실가스 배출량에 따라 선박의 CII 등급을 결정하고 연초부터 5개월 이내에 적합확인서(statement of compliance)를 발급한다.

② 유효기간

IEE증서는 선박이 운항을 중단하거나 선박의 주요 개조 등이 이루어져서 그 효력이 상실되지 않는 한 증서의 효력이 유지된다. 적합확인서는 발급된 연도의 익년(翌年) 5개월까지 유효하며 적어도 5년간 선내에 보관해야 한다.

52) 부속서 VI 제2규칙 제23항 참조. 신조선이란 다음의 선박을 말한다.
1. 2013년 1월 1일 이후 건조 계약이 체결된 선박 ; 또는
2. 건조계약이 없는 경우에는, 2013년 7월 1일 용골이 거치되거나 이와 동등한 건조 단계에 있는 선박 ; 또는
3. 2015년 7월 1일 이후 인도되는 선박

(3) 선박검사의 대행

당사국의 지정된 검사관 이외에 전문기관에게 주관청이 위임한 경우에는 선박의 검사 및 관련증서의 발급도 가능하다. 또한 기국이 다른 당사국에게 요청하는 경우에는 선박검사와 관련 증서의 발급도 가능하다. 위임받은 당사국은 가능한 빨리 증서와 선박검사의 사본을 기국에게 송부해야 한다.

5.3.6 대기오염물질 규제

1) 오존층파괴물질(규칙 제12조)

2020년 1월 1일 이후부터 모든 오존층파괴물질의 사용을 선박에서 금지한다. 단, 종전에 오존층파괴물질을 사용하는 설비를 철거하지 않는 한 사용을 허용하며 이를 통제하기 위해서 선박에서는 오존층파괴물질기록부를 기록 · 보관해야 한다.

2) NOx(규칙 제13조)

이 규정은 발효 일자와 상관없이 2000년 1월 1일 이후에 건조되거나 주요 개조되는 선박에 설치되는 출력이 130kW를 초과하는 디젤기관에 소급(遡及)적용하였으며, 2008년 개정을 통해 설치 연도 및 주요 개조[53]가 이루어진 시기에 따라 3단계(Tier I, Tier II, Tier III)로 NOx 배출기준을 달리 적용하고 있다. 그러나 비상용 디젤기관, 구명정 기관 등 비상시에만 사용되는 디젤기관에는 적용하지 않는다.

53) 3단계로 구분되어 있는 기준에 적합함이 아직 증명되어 있지 않은 것으로, 선박용 디젤기관에 2000년 1월 1일 이후 이루어진 변경으로서 다음을 말한다.

① 엔진이 다른 선박용 디젤기관으로 교체되거나, 추가로 선박용 디젤기관이 설치되는 경우

② 2008 NOx Technical Code상에 정의된 어떤 실질적인 변경이 기관에 이루어지는 경우, 또는;

③ IAPP증서의 연속최대출력에 비교해서 출력이 10% 초과하여 증가되는 경우.

①과 관련해서 교체에 있어서 동일하지 않은 선박용 디젤기관으로 교체 또는 추가적인 선박용 디젤 기관의 설치의 경우에는, 기관의 교체시나 추가할 당시에 적용되는 기준을 적용해야 한다. 그러나 Tier III가 적용되는 2016년 1월 1일 이후 교체되는 경우에 한해서 기준을 만족하지 못할 경우에는 Tier II 기준을 만족하여야 한다. IMO는 디젤기관이 이와 같이 Tier III 기준을 만족하지 못할 경우에 대비하여 기준을 설정하기 위한 지침이 만들어져야 한다.

① Tier I

2000년 1월 1일 이후 건조되는 선박에 설치되거나 주요개조가 이루어지는 130 kW를 초과하는 디젤기관에 적용한다.

[표 5-4] Tier I 배출 기준

회전수(rpm)	배출치(g/kWh)
130 미만	17.0
130 이상 2,000 미만	$45 \times n^{(-0.2)}$
2,000 이상	9.8

※ n은 회전수(rpm)를 의미함.

② Tier II

2011년 1월 1일 이후 건조되는 선박에 설치되거나 주요개조가 이루어지는 130 kW를 초과하는 디젤기관에 적용한다.

[표 5-5] Tier II 배출 기준

회전수(rpm)	배출치(g/kWh)
130 미만	14.4
130 이상 2,000 미만	$44 \times n^{(-0.2)}$
2,000 이상	7.7

※ n은 회전수(rpm)를 의미함.

③ Tier III

2016년 1월 1일 이후 건조되는 선박에 설치되거나 주요개조가 이루어지는 130 kW를 초과하는 디젤기관에 적용하다. Tier Ⅲ기준은 ECA[54] 내에서만 항해할 경우에 적용되면 그 밖의 해역을 항해할 경우에는 Tier Ⅱ기준을 만족해야 한다.

54) 발틱해역, 북해해역, 북아메리카 해역 및 미국 캐리비안 해역이 지정되어 있음.

[표 5-6] Tier Ⅲ 배출 기준

회전수(rpm)	배출치(g/kWh)
130 미만	3.4
130 이상 2,000 미만	$9\times n^{(-0.2)}$
2,000 이상	2.0

※ n은 회전수(rpm)를 의미함.

3) SOx(규칙 제14조)

(1) ECA 밖에서 항해하는 선박

2020년 1월 1일 이후부터 황함유량이 0.5% m/m 초과하지 않는 선박용 연료유의 사용만 허용된다.

(2) ECA 내에서 항해하는 선박[55]

2020년 1월 1일 이후부터 황함유량이 0.1% m/m 초과하지 않는 선박용 연료유의 사용만 허용된다.

ECA를 왕래하는 선박에는 ECA 진입 전 이 협약에서 규정하는 황함유량을 초과하는 연료유를 완전히 교환할 수 있도록 충분한 시간을 고려한 연료유 교환 절차서가 비치되어 있어야 한다. 선원은 ECA에 진입 전 또는 그 해역 밖으로 나온 후 연료유 전환 작동이 완료된 시간 또는 시작된 선박의 위치, 날짜 및 시간과 각 탱크의 연료유 저장량을 항해일지에 기록해야 한다. 연료공급자는 연료유의 황함유량을 연료유 상세에 관한 내용을 담은 연료유공급서(bunker delivery note)에 기재해서 선박에 제공해야 하며 선내에서는 이를 보관해야 한다.

55) 2020년 1월 1일 이전에는 2011년 8월 1일 이전에 건조된 선박으로서 북아메리해경 및 캐리비안 해역을 항해하고 원래부터 선박용 증류유 또는 천연가스로 계속적인 작동이 되도록 설계되지 않은 보일러 추진 장치에 의해서 추진되는 선박에는 적용하지 않는다.

당사국이 사용 중이거나 수급 중인 연료유의 품질을 확인할 목적으로 연료유 샘플을 선원에게 요구할 수 있다. 연료유공급자와 선원은 샘플의 신뢰성을 확보하기 위해서 IMO의 지침에 따라 샘플을 실시하고 선내 보관해야 한다.56)

4) 연료유의 품질(제18규칙)

(1) 연료유의 이용가능성

당사국은 연료유 기준(황함유량)을 만족하는 연료유의 이용가능성을 장려하기 위한 모든 조치를 해야 한다. 항만이나 터미널 내에서 적합한 연료유의 이용가능성을 IMO에 통보하여야 한다. 만약 선박이 협약상의 기준을 만족하지 못하고 있을 경우에는 당사국은 다음의 사항을 요구할 수 있다.

① 선박에서 기준을 만족시키기 위해 노력한 기록의 제출

② 항해계획에 따라 적합한 연료유를 확보하려고 한 노력에 대한 증거물 제출, 계획된 항만에서 연료유 확보가 불가능했다면, 대체 연료유를 찾기 위한 노력을 한 증거물과 노력했음에도 불구하고 적합한 연료유를 확보할 수 없었던 객관적인 이유

선박이 이 부속서에 적합한 연료유를 확보할 수 없을 경우, 기국과 관련 항만국 그러한 사실을 알려야 한다. 당사국은 선박으로부터 적합한 연료유 이용 불가능과 관련한 정보를 전달받았다면 그러한 사실을 IMO에 통보해야 한다.

(2) 연료유 품질

연료유는 석유정제과정에서 추출된 탄화수소 혼합물이어야 한다. 성능을 개선하기 위하여 소량의 첨가제를 혼합하는 것이 금지되지는 않지만, 무기산을 함유하여서는 안된다.57) 연료유 품질에 관한 규정은 석탄 또는 핵연료 등에 적용되지 않으며 LNG, CNG 또는 LPG와 같은 가스연료에는 이 부속서의 일부 규정을 적용하고 있다.

56) 사용 중 연료유 샘플 황함유량 검증을 위한 샘플링 지침서(MEPC.1/Circ.864/Rev.1) ; 선박에서 사용하기 위한 연료유의 선상 샘플링 지침서(MEPC.1/Circ.889) ; 사용 중 연료유 샘플 황함유량 검증을 위한 샘플링 지침서(MEPC.1/Circ.864/Rev.1).

연소를 목적으로 본선에 공급되어 사용되는 연료유에 대한 정보는 이 부속서의 부록 V[58]에 명시된 사항을 최소한 포함한 연료유공급서에 기록되어 선박에 제공되어야 한다. 연료유공급서는 IMO가 개발한 지침에 따라, 연료유의 대표 샘플이 함께 선박에 제공되어야 한다. 이 샘플은 연료공급자의 대리인과 연료유 공급 작업의 책임 사관이나 선장에 의해 밀봉이 되고 서명되어야 한다. 해당 연료유가 다 소모가 될 때까지 본선에 보관되어야 하지만, 최소한 12개월 이상 보관되어야 한다.

5) 휘발성 유기 화합물(규칙 제15조)

(1) 적용 범위

유탱커로부터 휘발성유기화학물(Volatile Organic Compounds, 이하 'VOC')의 배출을 당사국 관할 내에 있는 항이나, 터미널에서 규제할 때는 이 규칙에 따라 통제해야 한다. 탱커의 휘발성 유기 화합물의 배출을 통제하는 국가는 IMO에 이를 통지하여야 한다. 이 통지서에는 규제되는 탱커의 크기, 증기 배출 제어장치가 요구되는 화물 및 발효일이 포함되어야 한다.

(2) 통제 절차

IMO는 당사국들에 의해 지정된 항구 및 터미널의 목록을 다른 당사국과 회원국에게 제공하기 위하여 회람시켜야 한다. 원유를 수송하는 탱커는 이 부속서에 따라 주관청

57) 연료유는 다음과 같은 일체의 첨가물 또는 화학폐기물을 함유하여서는 안 된다.
- 선박의 안전을 위협하거나 기계의 성능에 악영향을 미치는 것.
- 인체에 유해한 것.
- 추가적인 공기오염을 유발시키는 것.

58) 부록V 연료유 공급서에 포함되어야 할 정보
- IMO번호 또는 선명
- 항구명
- 공급 일자
- 선박용연료유의 공급자 이름, 주소 및 연락처
- 제품명
- 연료량(M/T)
- 15℃에서의 연료유의 비중(kg/㎥)
- 황함유량(% m/m)

이 승인한 VOC관리계획서(VOC management plan)를 본선에 비치하고 시행하여야 한다.

6) 선박용 소각기(제16규칙)

(1) 적용 대상

2000년 1월 1일 이후에 설치된 선박용 소각기는 IMO가 개발한 형식승인기준을 만족해야 한다. 다만, 국가의 관할 수역 내에서만 종사하는 선박으로서 이 기준의 발효일 전에 설치된 소각기에 대해서는 형식승인기준의 적용을 제외한다.

(2) 소각금지 규칙

다음 물질에 대해서는 소각을 금지한다.

- 부속서Ⅰ, Ⅱ 및 Ⅲ에서 규정하는 화물잔류물과 그러한 물질로 오염된 포장재료
- 폴리염화비페닐(Polychlorunated biphenyls, PCBs)
- 할론합성물을 함유하는 정제석유제품
- 중금속을 많이 함유된 폐기물
- 배기가스정화장치의 잔류물
- IMO 형식승인증서를 발급받지 못한 소각기는 폴리염화비닐(polyvinyl chlorides, PVCs)의 소각금지.

소각기를 설치한 선박에는 해당 소각기의 운전법과 작동상의 주의점을 명시하는 제조자의 운전지침서를 비치해야 하며 운전책임자는 훈련을 받아 지침서에 따라 운전할 수 있는 능력을 갖추어야 한다.

7) 수용시설(규칙 제17조)

당사국은 자국의 항구, 터미널, 항구를 이용하는 외국 선박의 필요에 따라 선박의 부당한 지연을 유발하지 않고, 다음의 물질을 양육할 수 있는 수용시설을 제공해야 한다.

- 선박에서 제거되는 냉매, 할론 및 기타 일체의 오존층 파괴물질

- 배기가스세정잔류물[59]
- 선박에서 제거한 오존층 파괴물질과 그것을 함유하는 장치를 수용하기 위한 선박 해체 시설

각 당사국은 제공된 수용시설이 부적절하거나 이용 불가능한 경우에는 다른 당사국에게 알릴 수 있도록 IMO에 통보하여야 한다.

5.3.7 온실가스 규정

1) 적용(규칙 제19조)

총톤수 400톤 이상의 모든 선박에 적용한다. 다만, 기국의 주권 또는 관할 수역에서만 운항하는 선박, 부선, 부유식저장설비와 시추선의 추진기관에는 적용하지 않는다.

이 부속서의 규칙 제22조(EEDI 개념), 제23조(EEXI 개념), 제24조(EEDI 허용값) 및 제25조(EEXI 허용값)는 특별한 추진 방식(예 : 디젤-전기 추진 시스템 또는 하이브리드 추진시스템)을 가진 선박에는 적용하지 않는다.

2) 목표(규칙 제20조)

온실가스 감축은 기후변화기본협약(UNFCCC)을 통해서 이루어지고 있으며 감축목표는 현재 지구환경을 고려해서 설정되어 있지만 이를 실현하기 위한 온실가스배출 감축은 사실상 각국의 자발적인 시행에 의존하고 있다. MARPOL협약은 선박으로부터 배출되는 감축 수준을 구체적으로 명시하고 있지 않지만, IMO를 통해서 합의된 목표 수준[60]의 달성을 규정하고 있다. 이 같은 목표는 MEPC 결의를 통해서 설정하고 있다.

59) 연료유 황함유량 기준을 만족시키기 위해서 설치한 배기가스세정장치의 잔류물을 말한다.

60) 온실가스 감축 목표는 MEPC에서 채택한 '선박의 GHG 배출감소에 관한 초기 IMO 전략(Res.MEPC. 304(72))에 설정되어 있었으나 지난 2023년에 개최된 제80차 MEPC에서 이 결의를 개정한 새로운 결의를 채택하였다. 이 결의에 따라 종전의 온실가스 총 배출량을 2050년까지 2008년 대비 50% 이상 감축 목표를 100%감축으로 수정하였다 ; MEPC.Res.377(80) 참조.

3) EEDI(energy efficiency design index)

(1) EEDI 개념 (규칙 제22조)

EEDI는 선박의 화물운송활동(transport work)당 예측되는 이산화탄소 배출량을 나타내며 간략하게 도식화하면 [그림 5-1]과 같다.

EEDI는 선박운항의 특성을 반영하여 이산화탄소 배출량에 영향을 줄 수 있는 다양한 요인을 공식에 반영하였다. 이와 같이 국제적인 표준(공식)을 근거로 과학기술발전에 따른 온실가스 감축 기술을 선박에 도입하도록 장려할 뿐만 아니라 도입 이후의 실질적인 감축량을 예측할 수 있으므로 감축목표 달성을 객관적으로 평가할 수 있는 여러 이점을 가지고 있다.

주요 개조가 이루어진 신조선 그리고 주요개조가 광범위해서 기국이 새로이 건조되는 선박으로 간주하는 신조선 또는 현존선에 적용된다. 선박 건조 시점에 적용되는 EEDI 허용값을 만족하도록 선박이 건조되어야 하므로 조선산업과 밀접하게 관련되어 있다. 신조선의 범위는 이 부속서 제2규칙 제2항 제18호에서 규정하고 있으며 다음과 같다.

- 2013년 1월 1일 이후에 선박건조계약이 체결되었거나 또는
- 선박건조계약이 없을 경우에는 2013년 1월 1일 이후에 용골이 거치되거나 이와 유사한 건조 단계에 있거나 또는
- 2015년 1월 1일 이후 선박이 인도된 경우

EEDI는 IMO에서 개발한 지침서[61]를 고려해서 계산되어야 하며 각 선종별 EEDI 허용값(Requried EEDI)에 관한 규정(규칙 제24조)에 따라 당사국 또는 지정기관은 달성값(Attained EEDI) 및 관련 정보를 IMO에 보고해야 한다.

$$\underset{\text{(g/ton·mile)}}{\text{EEDI}} = \frac{\text{CO}_2\text{ Emission (환경영향)}}{\text{Transport Work (사회이익)}}$$

[그림 5-1] EEDI 개념도

61) Res.MEPC.322(74) 및 Res.MEPC.332(76) 참조.

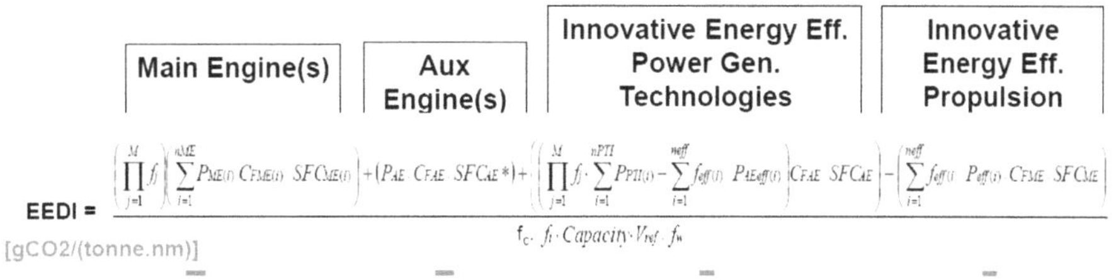

[그림 5-2] EEDI 계산 공식

※ 출처 : IMO, "IMO Train the Trainer Course on Energy Efficient Ship Operation-Module-2"(2016).

(2) EEDI 허용값(규칙 제24조)

IMO 차원에서 도전적인 목표를 설정함에 따라 EEDI는 채택 당시보다 더욱 강화되었다. 선박의 계약 시점에 따라 총 4단계(사실상 3단계)로 구분하여 선종별로 재화중량톤에 따라 EEDI 감축계수(reduction factor)를 달리 규정하고 있다.

[표 5-7] EEDI 감축계수 적용 시점 및 대상

감축계수단계	적용(계약 시점)	선종
0	2013.1.1. ~ 2014.12.31.	모든 대상 *
1	2015.1.1. ~ 2019.12.31	모든 대상
2	2020.1.1. ~ 2022.03.31	산적화물선, 가스운반선(DWT 15,000톤 이상 제외), 동화물선, 겸용선, 로로화물선(차량운반선), 로로화물·객선은 제외
	2020.1.1. ~ 2024.12.31	상기 제외된 선종에 적용
3	2022.4.1. ~	산적화물선, 가스운반선(DWT 15,000톤 이상 제외), 동화물선, 겸용선, 로로화물선(차량운반선), 로로화물·객선은 제외
	2025.1.1. ~	상기 제외된 선종에 적용

※ 모든 대상이란 산적화물선/겸용선/컨테이너선/크루즈여객선/가스운반선/일반화물선/LNG운반선 /냉동화물선, 로로화물선(차량운반선/로로여객선/탱커로서 12개 선종을 말함.

$$\text{EEDI 달성값} \leq \text{EEDI 허용값} = (1 - \frac{x}{100}) \times \text{기준선 값}$$

[그림 5-3] EEDI 충족 조건

EEDI가 적용되는 선박으로서 위의 표에 따라 계약된 신조선, 또는 주요 개조를 거쳤거나 주요 개조가 매우 광범위하여 주관청이 새로이 건조된 선박으로 인정되는 선박의 EEDI 달성값은 [그림 5-2]의 공식을 만족해야 한다. 여기서 계수(x)는 MARPOL 협약 부속서Ⅵ 규칙 제24조의 표1의 계수를 의미한다.

4) EEXI(Energy Efficiency Existing Ship Index, 이하 'EEXI')

(1) EEXI 개념(규칙 제23조)

EEDI는 선박의 계약 시점을 기준으로 감축 계수를 적용하면서 현존선은 제외했기 때문에 감축 대상이 한정되어 있고 그에 따른 환경적 이익 또한 한계가 있었다. 선복량의 대부분을 점유하고 있는 현존선은 온실가스배출 규제로부터 제외됨으로써 사실상 온실가스 배출규제의 실효성에 대한 의문과 형평성의 문제가 남아 있었다. 더욱 강력한 온실가스 배출규제의 필요성이 제기되면서 2021년에 EEXI와 CII(Carbon Intensity Indicator, 탄소집약도지수)를 포함한 MARPOL 부속서Ⅵ 개정이 채택되었다.

EEXI의 개념은 EEDI를 기초로 개발되었으며 모든 선박에 적용되지만 EEDI가 적용되지 않는 현존선의 특성을 고려해서 감축 계수는 EEDI와 동일하거나 낮게 설정되어 있다. 즉, 신조선의 검증된 EEDI 달성값이 동일 선종의 EEXI 허용값(규칙 제25조) 이하이기 때문에 결과적으로 EEXI를 만족한 것으로 인정된다. EEXI는 주요 개조가 이루어진 모든 선박에 적용되므로 신조선에 주요 개조가 발생하면 EEXI허용값을 만족해야 한다.

온실가스 감축과 관련하여 EEDI가 적용되지 않았던 현존선에 운항기술적인 감축 지수인 EEXI가 적용됨에 따라 해운업계는 새로운 국면을 맞이하게 되었다. 현실적으로 EEXI허용값을 만족시킬 수 있는 현존선의 가장 효과적인 방법은 선박의 속도를 낮추어 연료소모량을 감소시키는 방법이지만 선사의 경쟁력에 막대한 영향을 끼칠 수 있다.

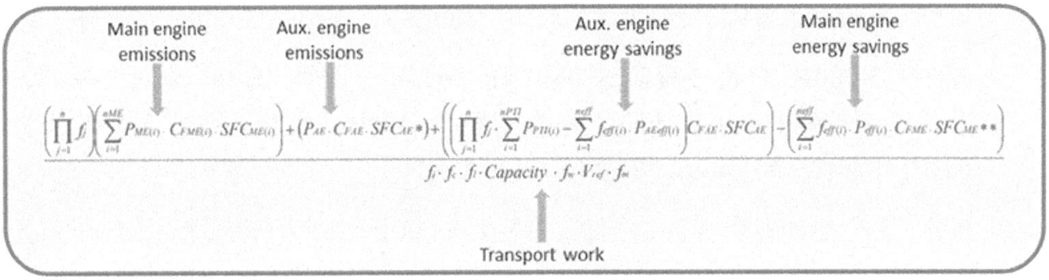

[그림 5-4] EEXI 계산 공식

※ 출처 : https://www.dnv.com/maritime/insights/topics/eexi/calculation.html

5) EEXI 허용값(규칙 제25조)

모든 선박과 주요 개조가 이루어진 선박의 EEXI달성값은 계산되어야 하며 다음의 조건을 만족해야 한다.

$$\text{EEXI 달성값} \le \text{EEXI 허용값} = \left(1 - \frac{y}{100}\right) \times \text{EEDI 기준선 값}$$

[그림 5-5] EEXI 충족 조건

[그림 5-5]의 감축계수(y)는 MARPOL협약 부속서VI 규칙 제25조의 표3의 계수를 의미한다. 지속적인 온실가스감축을 위해서 재검토 기한을 2026년 1월 1일로 정하고 있으므로 EEXI허용값은 더욱 강화될 것으로 예측된다.

6) SEEMP(Ship Energy Efficiency Management Plan, 이하 'SEEMP') (규칙 제26조)

EEDI 및 EEXI를 만족하는 선박이라 할지라도 선박관리가 적절하게 이루어지지 않는다면 온실가스 감축을 기대할 수 없다. 이에 따라 에너지 효율적으로 선박을 관리하고 운항하기 위한 목적으로 자율적인 계획서인 SEEMP를 선박소유자가 개발하여 시행하도록 규정하고 있다. 이 계획서는 SOLAS협약에 따라 선사에 구축된 선내안전관리시스템(SMS)의 일부로 존재할 수 있으며 IMO의 지침서를[62] 고려하여 개발해야 한다.

총톤수 5,000톤 이상 선박의 SEEMP에는 연료유 소모량 데이터 보고(규칙 제27조 참조)와 관련해서 연료유 소모량 수집 방법 및 데이터 보고 절차(이 부분을 SEEMP PartⅡ라 함)가 추가적으로 마련되어 있어야 한다.

또한 CII와 관련(규칙 제28조 참조) 총톤수 5,000톤 이상의 선박 중 EEDI와 EEXI가 적용되는 선박은 2023년 1월 1일까지 SEEMP에 다음의 사항이 포함되어야 한다.

ⓐ 선박에 적용된 연간 운항 CII를 계산하는 방법과 이 값을 선박의 기국 주관청에 보고하는 절차에 대한 설명
ⓑ 향후 3년 동안 연간 운항 CII 허용값
ⓒ 향후 3년 동안 연간 CII허용값 달성 방법에 대한 실행 계획, 그리고
ⓓ 자체 평가 및 개선 절차

7) 연료유 소모량 데이터에 관한 수집 및 보고(규칙 제27조)

이 규칙은 총톤수 5,000톤 이상의 선박으로부터 배출되는 온실가스량을 추적하기 위한 목적으로 채택되었다. SEEMP를 통해서 수집하고 보고해야 하는 연간정보자료(MARPOL 협약 부속서Ⅵ의 부록9)[63]를 다음 해 3개월 이내 IMO가 정한 양식으로 기국의 주관청 또는 지정기관에게 보고해야 한다. 선박의 국적이 변경되더라도 변경 이전까지의 정보를 국적 변경 이전의 기국에게 보고해야 한다.

선박소유자가 변경되더라도 변경 이전의 선박소유자는 당해 연도의 정보를 수집해서 변경일 또는 가능한 빨리 기국의 주관청에 보고해야 한다.[64] IMO는 이와 같이 기국의 주관청 또는 지정기관을 통해서 보고된 정보, 보고되지 않은 정보 그 밖의 MEPC에서 요청될 수 있는 기타 관련 정보를 요약한 보고서를 매년 제출해야 한다.

62) 2016 Guidelines for the Development of a Ship Energy Efficiency Management Plan (Res.MEPC.282(70)).

63) 연료유사용량, 운항거리 운항시간, 정보수집기간, 선박 식별정보 및 제원(총톤수, 순톤수, 재화중량톤수, 주기관·보조기관 출력 등).

64) 우리나라의 경우에는 해당선박이 선박안전법에 따라 지정된 대행기관을 통해서 SEEMP의 PartⅡ 승인이 이루어지고 있으며 연료유 사용과 관련한 정보는 한국해양교통안전공단에 보고해야 한다. 공단은 보고된 정보를 검증하고 그 결과로 검증확인서의 발급과 함께 IMO에 관련 자료를 보고하고 있다(자세한 내용은 한국해양교통안전공단,「IMO DCS(선박연료유 사용량 보고제도)-사용자 매뉴얼」참조).

8) CII(규칙 제28조)

(1) CII 달성값

2024년부터는 이 부속서의 적용을 받는 총톤수 5,000톤 이상의 선박의 선박소유자는 IMO가 개발한 지침서(G1)[65]를 고려해서 전년 동안(2023년) 선박으로부터 수집한 연료유소모량(규칙 제27조) 데이터를 사용하여 매년 연간 운항 CII달성값을 계산해야 한다. 그리고 매년 1분기 이내에 IMO가 개발한 표준화된 양식을 사용하여 전년도 CII달성값을 기국의 주관청 또는 지정기관에게 보고해야 한다.

$$\text{CII 달성값} = \frac{CO_2\ \text{Emission(연료소비량)}}{\text{Transport Work(DWT or GT X 이동거리)}}$$

[그림 5-6] CII 달성값 개념식

(2) CII 허용값

매년 CII 허용값은 이 협약의 규정에 따라 다음과 같이 산정된다.

$$\text{CII 허용값} = \left(1 - \frac{Z}{100}\right) \times CII_R\ \text{(기준선 값)}$$

[그림 5-7] CII 허용값 공식

[그림 5-7]의 계수 'z'는 특정화된 등급 내에서 탄소집약도를 지속적으로 개선하기 위한 연간 감소 계수를 의미하며 'CII_R'은 IMO가 개발한 지침서(G2)[66]에 따른 기준선 값을 의미한다. 'z'은 선종마다 다르며 IMO 지침서(G3)[67]에 따라 결정되고 이 부속

65) 상세한 CII 계산은 Res.MEPC.336(76)-2021 Guidelines on Operational Carbon Intensity Indicators and the Calculation Methods(CII Guidlines, GI) 참조.

66) Res.MEPC.337(76) - 2021 Guidelines on the Reference Lines for Use with Operational Carbon Intensity Indicators(CII Reference lines Guidelines, G2).

67) Res.MEPC.338(76) - 2021 Guidelines on the Operational Carbon Intensity Reduction Factors relative to Reference Lines(CII Reduction Factors Guidelines, G3).

서 규칙 제20조(목표)에 따른 감축 목표를 달성하기 위해서 점진적으로 증가한다.

기국 또는 지정기관은 매년 산정되는 선박의 CII달성값에 따라 IMO의 지침서(G4)[68]를 고려해서 [그림 5-6]에 따라 산정된 값인 C(보통)를 기준으로 A(최상위), B(상위), C(보통), D(하위) 및 E(최하위)를 결정한다.

(3) 시정조치, 인센티브 및 재검토

3년 연속해서 D(하위)로 평가받거나 E(최하위)를 한번이라고 평가받은 선박은 연간 운항 CII달성값(즉, C)을 만족시키기 위한 계획을 개발하고 그 계획을 SEEMP에 반영시켜야 한다. 그리고 계획이 반영된 SEEMP는 기국의 주관청 또는 지정기관의 재승인을 받아야 한다.

기국, 항만국 및 이해당사자로 하여금 A 또는 B 등급의 선박에 대한 인센티브 제공을 장려하고 있으나 MARPOL협약에서는 구체적인 인센티브 제공 방법과 형태를 제시하지 않고 있다. 따라서 전적으로 기국이나 항만국이 국내 법령으로 구체적인 인세티브를 정해야 할 사항이다. 지속적인 온실감축을 위해 2026년 1월 1일까지 CII의 효과와 EEXI 등의 재검토를 완료하기로 규정하고 있어서 앞으로도 온실가스 감축 조치가 강화될 것으로 예측된다.

9) 기술협력 및 기술이전(규칙 제29조)

국가 간의 협력을 증진하기 위한 규칙이다. 이 협약에 규정되어 있는 선박설계 및 운항 기술 등을 통해서 선박으로 배출되는 온실가스의 배출을 감축 기술 이행의 어려움이 있을 수 있는 개발도상국의 현실을 고려하고 있다.

68) Res.MEPC.339(76) - 2021 Guidelines on the Operational Carbon Intensity Rating of Ships(CII Rating Guidelines, G4).

10) 항만국 통제

선장 또는 선원이 선박으로부터의 대기오염 방지와 관련된 필수적 선박절차를 숙지하지 못하고 있다고 믿을 만한 명백한 근거가 있는 경우, 선박이 타 당사국의 항구 또는 터미널에 있을 때 항만국은 외국 선박이 이 부속서의 요건을 충족시킬 때까지 선박의 출항을 정지시킬 수 있다. 이러한 항만국 통제는 IMO 결의[69]를 참조하여 시행되어야 한다.

정리하기

★ 국제항해선박의 해양오염물질 배출 기준을 국제협약을 통해서 정하는 이유는 무엇인지를 논의하고 설명하기.

★ 해양환경보호 측면에서 MARPOL협약의 규정과는 별도로 선박에서 실시할 수 있는 활동으로는 무엇이 있을지를 논의하고 발표하기.

★ 선박으로 인한 대표적인 해양오염사고를 조사하고 발표하기.

69) Res.A.1138(31) - Procedures for Port State Control, 2019 ; Res.MEPC.321(74) - 2009 Guidelines for Port State Control under the Revised MARPOL Annex VI.

〈최근 MARPOL협약 논의 동향〉

산업개발과 발전으로 인한 심각한 악영향이라고 한다면 단연 환경오염을 꼽을 수 있다. 선박의 대형화, 선복량 증가와 물동량 증가 등으로 인해서 선박으로 인한 해양오염문제는 날로 심각해지고 있으며, 기후변화와 같은 전 세계적인 환경문제가 MARPOL협약의 개정으로 이어지고 있다.

특히, 최근에 MARPOL협약 내에서 논의되는 여러 안건 중에 가장 빠르게 논의될 필요성이 있는 의제로는 선박으로부터 배출되는 플라스틱과 온실가스 규제를 들 수 있다. 플라스틱은 인간의 실생활에서도 보편적으로 가장 많이 사용되고 있는 물질이지만 사후처리에 있어서 여러 유해물질을 배출할 뿐만 아니라 자연적으로 분해되기 위해서는 수세기가 소요되기 때문에 친환경적인 재료로 대체하는 한편 선내에서 발생하는 플라스틱의 관리와 처리의 중요성이 강조되고 있다. 더욱이 선박에서 사용하는 각종 세제 또는 세면제품 등에도 미세플라스틱이 포함되어 있고 이러한 물질은 육안으로도 확인하기 어렵고 분리수거의 어려움이 있으며, 먹이사슬에 따라 인간이 식용하는 해양생물 내 유입된 미세플라스틱이 우리 인체에 농축되어 건강의 악영향을 끼칠 뿐만 아니라 질병을 유발시킬 수 있으므로 미세플라스틱의 해양 유입을 근절하기 위한 논의가 IMO 내에서 이루어져야 할 필요성이 있다.

현재 인류가 당면하고 있는 환경문제 중 시급하게 세계적으로 대처할 필요성이 있는 사안으로는 온실가스 배출로 인해서 발생하는 지구 온난화를 꼽을 수 있다. 선박운항은 전통적으로 기름의 연소를 통해서 이루어지고 있으며 선복량 증가에 따라 온실가스 배출량도 증가추세에 있으므로 이를 대체할 수 있는 친환경 연료의 사용 또는 친환경적인 선박 개발 등을 통해서 온실가스 감축을 위한 노력이 IMO에서 활발하게 논의되고 있다.

2편 해사법규

국제해사협약의 이행

6

6.1 일원주의와 이원주의

국제협약의 당사국이 되었다는 것은 기속적 동의[70]를 한 국제협약을 이행해야 할 의무와 함께 그에 따른 국제책임이 발생한다는 것을 의미한다.[71] 당사국은 국제협약에 의해서 창설된 의무를 이행하기 위해서는 어떠한 방식으로든 해당 국제협약을 국내법으로 이행해야 하며 그 방식은 국가마다 상이할 수 있다. 일반적으로 국제법과 국내법의 관계는 개별국가의 국제법 이행 절차에서 엿볼 수 있으며 그 내용은 헌법에서 정하고 있는 것이 보편적이다. 국제법의 국내 이행방식에 따라 일원주의(monism)와 이원주의(dualism)로 나뉜다.[72]

우리나라 헌법 제6조 제1항에서는 “헌법에 의하여 체결·공포된 조약과 일반적으로 승인된 국제법규는 국내법과 같은 효력을 가진다”라고 규정하고 있어서 일원주의를 표방하고 있다. 그러나 실례에 있어서는 조약과 국내법과의 충돌을 예방하고 국민에게 권리와 의무를 창설시키는 조약을 널리 알릴 목적으로 국내법을 개정하여 수용하거나 조약을 이행하기 위한 국내법을 제정하는 별도의 조치를 하는 경우도 많다. 특히, 국제해사협약은 국민의 경제활동과 밀접하게 관련되어 있고 이해당사자들에게 선박과 선원 그리고 선박을 이용하는 사람에게 안전보건과 관련한 권리와 의무를 규정하고 있으므로 별도의 입법조치를 통해서 이행하고 있다.

70) 국가의 기속적 동의를 표시하는 의사표시로는 서명(signature), 비준(ratification), 수락(acceptance), 승인(approval) 및 가입(accession)이 있다.

71) 유효한 모든 조약은 준수되어야 한다(pacta sunt servanda - 조약법협약 제26조 참조).

72) 일원주의란 헌법에 따라서 조약이 체결되어 발효되면 국내 입법 없이 국내법 일부가 되는 조약이행방법을 말한다. 이원주의는 헌법이 국가가 체결했거나 가입한 조약이라 할지라도 특별한 지위를 부여하지 않으며 이행법률이 제정되지 않는 한 조약이 국내법적 효과가 발생하지 않는다. 그러나 이러한 분리는 국가 관행을 보더라도 절대적이지 않으면 현대국가는 혼합적으로 사용하고 있다.

6.2 국제해사협약의 국내 이행 및 국제기구와의 관계

우리나라 헌법 제6조 제1항에 따라서 헌법에 의하여 체결·공포된 조약과 일반적으로 승인된 국제법규는 국내법과 같은 효력을 가진다. 특히 선박과 선원에게 적용되는 국제해사협약은 선박의 안전 확보, 환경보호 및 노동권을 보호하는 목적을 가지고 있으므로 국민에게 의무를 부과하는 내용이 대부분이다. 또한 기술적인 내용이 많고 기술 발전에 따라 수시로 개정되므로 적시에 국민에게 전달될 수 있도록 유사한 국내법에 수용되거나 또는 별도의 이행법률 제정을 통해서 시행되고 있다. 대표적인 국제해사협약의 국내이행 법률을 간략하게 도식화하면 [그림 6-1]과 같다.73)

국제협약이 국내법과 같은 효력을 가지고 있고 전반적인 산업 및 국민에게 지대한 영향을 미치기 때문에 가입을 목적으로 한 기속적 동의를 하고자 하는 경우에는 반드시 국

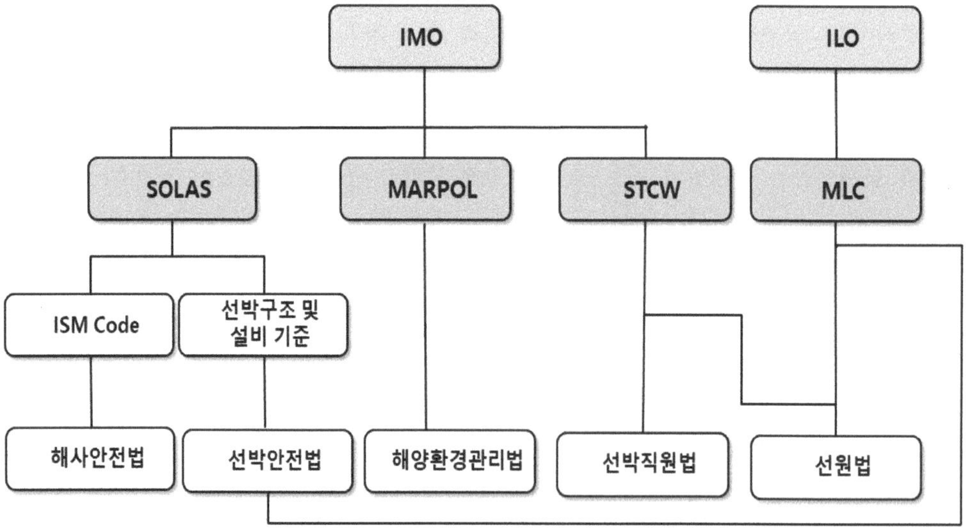

[그림 6-1] 국제해사협약의 국내 이행 체계도

73) 우리나라의 국제해사협약 가입현황은 해양수산부 홈페이지 참조(https://www.mof.go.kr/article/view.do? articleKey=28618&boardKey=2&menuKey=615&currentPageNo=1).

회의 비준(ratification)을 거쳐야 하는 것이 일반적이다. IMO 국제협약의 부속서 또는 기술기준(Code 또는 Guideline)은 시대의 요구에 따라 채택되고 빈번하게 개정되므로 국내 법령에 기술기준이 수용되어 있는 경우, 국회 일정 또는 국내 상황으로 인해서 적시에 수용되지 못하는 상황이 발생하면 국내법 정비의 미비로 인한 국제법적 책임을 완수하지 못하고 산업계와 국민의 피해로 이어질 수 있어서 행정규칙(고시 또는 훈령)으로 위임하여 시행하기도 한다. 특히, 선박안전에 관한 SOLAS협약의 기술 코드는 선박안전법에 따라 해양수산부장관에게 위임된 고시로 시행되고 있다.

국제협약이 국내법에 수용되는 입법과정을 통해서 국내법과 충돌되지 않고 국내 실정에 맞게 변형 과정을 거치게 된다. 이때 협약과 달리 적용범위가 확대되거나 또는 특정 요건이 강화되는 경우도 발생하는데 국제법을 위반하지 않거나 상충되지 않는 범위에서 시행하는 한 국제법적으로는 문제되지 않는다.[74] 오히려 국제협약의 이행을 회피하거나 당사국이 국제협약에 합치하지 않는 이행을 정당화하기 위해서 국내법을 원용하는 것은 국제법적으로 허용되지 않는다.[75]

국내법과 비교해서 국제법이 갖는 흠결로는 실효성을 확보할 수 있는 장치의 부재라 할 수 있다. 국제법원이 설립되어 있어서[76] 국가 간의 분쟁이 발생하였을 경우, 평화적 해결방안을 모색할 수 있으나, 이를 강제적으로 집행할 수 있는 범세계적 기관이 존재하지 않기에 사실상 판결을 수용하는 국가의 의지와 결정에 의존할 수밖에 없는 것이 한계로 비판받아 왔다. 국제기구도 국제협약의 실효성을 확보하기 위한 방안을 고심해 왔으며 해결책으로서 별도의 회원국 감사 또는 감독 제도를 시행하고 있다.

ILO는 1919년 출범 당시부터 회원국 감독 제도를 시행해오고 있으며 IMO는 지난 2013년 SOLAS협약을 개정하여 회원국 감사 제도를 도입했다.[77]

74) 일반적으로 적용 대상을 국제법에 합치하지 않게 외국 선박 또는 외국선원에게 적용했을 경우에 국제적 분쟁으로 이어진다.

75) 조약법협약 제27조.

76) 예를 들어 상설법원으로는 유엔소속의 국제사법재판소(International Court of Justice), 유엔해양법협약(UNCLOS)과 관련한 분쟁을 해결할 목적으로 설립된 국제해양법재판소(International Tribunal for the Law of the Sea), 보편주의가 적용되는 국제범죄 관련자를 재판하기 위해 설립된 국제형사법원(International Criminal Court)이 있다.

77) Res.A.1070(28) - IMO Instrument Implementation Code.

선박직원법

7.1 소개

「선박직원법」은 선박직원으로 선박에 승무할 자의 자격을 정함으로써 선박항행의 안전을 도모할 목적으로 일제강점기의 조선총독부제령으로 시행 해오던 「조선선박직원령」을 폐지하고 1960년에 제정되었다. 그 이후 STCW협약이 채택되고 발효되면서 선박직원에 대한 교육, 훈련 및 자격이 국제협약 체계에 맞추어 1983년에 전면 개정(법률 제3715)되어 현재에 이루고 있다. STCW협약은 선박직원(해기사)뿐만 아니라 부원에 대해서도 규정하고 있으나 선박직원법은 협약의 규정 중 선박직원에 적용되는 규정만을 이행하고 있으며 부원을 포함한 선원에 공통적으로 적용되는 규정은 선원법에서 규정하고 있다.

7.2 용어 정의 및 적용 범위

7.2.1 정의

1) 선박

「선박안전법」에서 정의하고 있는 선박과 「어선법」에 따른 어선을 선박으로 정의하고 있다. 그러나 다음의 어느 하나에 해당할 경우에는 제외된다(법 제2조 제1호).

ⓐ 총톤수 5톤 미만의 선박은 원칙적으로 적용 제외되지만 인명의 안전을 확보하기 위한 목적으로 여객선(여객 13명 이상이 승선하는 선박), 「낚시 관리 및 육성법」에 따라 낚시어선업을 신고한 어선, 「유선 및 도선사업법」에 따라 영업 구역이 바다로 면허를 받거나 신고 된 유선 또는 도선, 수면비행선박에도 적용된다.

ⓑ 주로 노와 삿대로 운전되는 선박
ⓒ 부선과 계류된 선박 중 총톤수 500톤 미만의 선박

2) 지정교육기관

선박직원법의 하위법령인 해양수산부 고시 「지정교육기관기준」에 따라 선원교육에 적합한 시설과 교원 등을 확보하고 해양수산부장관의 지정을 받아서 선원이 되고자 하는 자 또는 선원에게 교육을 실시하는 대학(전문대학 포함), 또는 고등학교, 해양경비안전교육원, 한국해양수산연수원과 그 밖의 교육기관을 말한다(법 제2조 제4호의3).

3) 선박직원, 해기사 및 해기사 실습생

선박직원(법 제2조 제3호), 해기사(법 제2조 제4호) 그리고 해기사 실습생(법 제2조 제4호의2)에 대해서 적용한다. '해기사'란 이 법에 따라서 해기사가 면허를 취득한 사람을 말하며 '선박직원'은 해기사로서 선박에서 근무하는 선장, 항해사, 기관사, 전자기관사, 통신장, 통신사, 운항장 및 운항사를 말한다. 따라서 선박직원으로는 선박에서 근무하는 외국인 해기사도 포함된다. 해기사 실습생은 이 법에 따라서 해기사 면허를 취득할 목적으로 선박에서 실습하는 사람을 말한다.

4) 연안수역 및 원양수역

(1) 연안수역이라 함은 다음의 해역을 말한다.

ⓐ 선박안전법 시행령 제2조 제1항 제3호 가목에 따른 평수구역
ⓑ 선박안전법 시행령 제2조 제1항 제3호 나목에 따른 연해구역
ⓒ 제주도 남단 20마일의 지점으로부터 북위 29도40분과 동경 122도의 교차점에 이르는 선 이북의 해역

(2) 원양수역이라 함은 모든 해역을 말한다.

7.2.2 적용 범위

'한국선박'[78]과 이 선박의 선박소유자[79]와 한국선박에 승무하는 선박직원, 해기사 및 해기사 실습생에 적용된다.[80] 그러나 이 법에서 별도로 규정하고 있는 경우에는 외국 선박과 해당선박의 선박소유자와 승무하는 선박직원에도 적용한다.

조선소에서 건조된 선박이 선박소유자에게 인도되기에 앞서 시운전을 하는데 이 경우에도 시운전 선박과 해상교통의 안전을 확보하기 위해서 선박직원이 반드시 승선할 필요성이 있다. 이에 따라 선박직원법은 승무기준을 시운전 선박에도 적용하고 있다.

7.2.3 해기사 자격과 면허

1) 해기사 면허 체계

선박의 규모, 주기관출력 및 항해 수역을 기준으로 항해사 및 기관사 면허는 제1급부터 6급, 통신사와 운항사는 1급부터 4급, 수면비행선박 조종사는 중형과 소형으로 구분되어 있다. 단일 등급 면허로는 전자기관사와 소형선박조종사가 있다.

---

78) 선박직원법 제2조 1의2. "한국선박"이란 선박 중 다음 각 목의 어느 하나에 해당하는 선박을 말한다.
   가. 국유 또는 공유의 선박
   나. 대한민국 국민이 소유하는 선박
   다. 대한민국의 법률에 따라 설립된 상사법인(商事法人)이 소유한 선박
   라. 대한민국에 주된 사무소를 둔 다목의 상사법인 외의 법인으로서 그 대표자(공동대표자인 경우에는 그 전원)가 대한민국 국민인 경우 그 법인이 소유하는 선박

79) 선박직원법에서는 선박소유자에 대해서 정의하고 있지 않지만 사견으로는 선원법상 선박소유자가 선원을 고용하고 선원근로계약체결의 당사자로서 선내근로조건에 따라 선원에게 교육훈련을 제공하고 선내안전보건의 책임 주체임을 고려해서 선원법의 '선박소유자'정의를 차용하여 해석하는 것이 타당하다고 판단된다. 불필요한 해석상의 논란을 피하기 위해서라도 선박직원법에 선박소유자의 정의가 필요하다고 판단된다.

80) 선박직원법에서는 해기사 실습생을 이 법의 적용범위(제3조)로 명확하게 명시하고 있지 않다. 그러나 법에서 정의하고 있고 선박직원이 아니라도 면허갱신, 해기사 시험 및 해기사 실습생의 실습 등에 관한 규정이 존재하므로 해기사 실습생에도 적용된다고 보는 것이 타당하다.

[표 7-1] 해기사 면허 체계 및 구분

해기사 면허	구분	한정면허/전문분야
항해사	1급 ~ 6급	· 전 면허 급수 상선/어선 구분. 다만 항해선[81])에 한정 · 5급 및 6급에 한해 특수선박면허로 한정(해저자원굴착선, 준설선 등) · 5급 및 6급에 한해 호수·하천 또는 국내항 등 특정수역으로 한정 · 6급에 한해 '수상레저안전법'에 따른 총톤수 55톤 미만의 모터보트 또는 동력요트에 한정
기관사	1급 ~ 6급	· 5급 및 6급 상선/어선 구분. 다만 한국해양수산연수원 및 해양경비안전교육원에서 양성된 기관사에 한함 · 총톤수 100톤 이상의 선박에서 1년 이상 승선한 승무경력으로 취득하는 6급 면허에 한해 상선/어선 구분 · 5급 및 6급에 한해 특수선박면허로 한정(해저자원굴착선, 준설선 등) · 5급 및 6급에 한해 호수·하천 또는 국내항 등 특정수역으로 한정
통신사	1급 ~ 4급	-
운항사	1급 ~ 4급	항해 또는 기관전문으로 구분
전자기관사	-	-
소형선박조종사 (총톤수 25톤 미만 선박)	-	· '수상레저안전법'에 따른 동력수상레저기구조종면허 소지자에게 한정하여 요트만 승무하도록 한정하는 요트면허 및 요트를 제외한 동력수상레저기구로 한정하여 승무하도록 한정하는 동력수상레저기구면허
수면비행선박 조종사	중형	· 표면효과가 발생하는 높이이하에서 운항되는 선박에 한정하는 표면효과전용선면허
	소형	· 표면효과가 발생하는 높이이하에서 운항되는 선박에 한정하는 표면효과전용선면허

81) 선원법 제2조 제8호에 따른 항해선을 말한다. 본서의 선원법 참조.

2) 면허의 발급 요건

(1) 면허의 발급

해기사 면허를 발급받아 선박직원으로 승무하고자 하는 사람은 다음의 요건을 만족해야만 한다.

ⓐ 해기사 시험에 합격하고, 그날로부터 3년이 경과하지 아니할 것
ⓑ 등급별 면허의 승무경력〈표 7-4 참조〉 또는 「수상레저안전법」에 따른 조종면허 등 승무경력으로 볼 수 있는 자격 · 경력이 있을 것
ⓒ 「선원법」에 따라 승무에 적당한 건강 상태가 확인될 것
ⓓ 해당 등급별 면허에 필요한 교육 · 훈련을 이수할 것
ⓔ 통신사 면허의 경우에는 「전파법」 제70조에 따른 무선종사자의 자격을 갖출 것

(2) 결격사유

다음의 어느 하나에 해당하는 사람은 해기사가 될 수 없다.

ⓐ 18세 미만의 사람
ⓑ 면허가 취소된 날로부터 2년이 경과되지 아니한 사람

3) 면허의 유효기간 및 갱신 신청

(1) 면허의 유효기간

유효기간은 5년이며, 면허의 효력을 계속 유지 시키고자 하는 사람 또는 면허의 유효기간이 지나서 면허의 효력이 정지되어 효력을 다시 살리려는 사람은 이 법에서 요구하는 서류를 갖추어 지방해양수산청장에게 제출하면 갱신할 수 있다.

(2) 신청기간

면허의 효력이 만료되기 1년 전부터 지방해양수산관청에 갱신을 신청할 수 있다. 한국해양수산연수원에서 면허갱신교육을 이수한 경우에는 교육이 종료된 날부터 1년 이내에 갱신을 신청해야 한다.

(3) 면허갱신 요건

다음의 하나를 충족하면 면허갱신이 가능하다.

ⓐ 면허의 갱신을 신청하는 날 전부터 5년 이내에 선박직원으로 1년 이상 또는 부원으로 2년 이상 승무한 경력이 있는 경우

ⓑ 면허의 유효기간이 지나지 아니하고 면허갱신 신청일 직전 6개월 이내에 선박직원으로 3개월 이상 승무한 경력이 있는 경우. 다만, 「어선법」제2조 제1호에 따른 어선에 승무한 경력은 제외.

ⓒ 외국 선박 또는 함정에서 선박직원 또는 그 면허에 적합한 직무에 1년 이상 승무한 경력이 있는 경우 또는 선박직원이 아닌 자격으로 선박에서 2년 이상 승무한 경력이 있는 경우

ⓓ 육상직으로서 위의 요건과 동등하다고 이 법에서 인정하는 직무로서(선박검사관 또는 선박검사원, 지정교육기관의 전임교원, 도선사, 심판관 및 조사관, 운항관리자 등) 3년 이상 종사한 경력이 있는 경우

ⓔ 위의 요건에 해당 사항이 없어서 면허갱신교육을 이수했을 경우

4) 갱신 면허의 유효기간

갱신 면허의 유효기간을 다음과 같이 정한다.

ⓐ 유효기간 만료일 6개월 이전부터 유효기간 만료일 전까지 갱신을 신청한 경우에는 종전 면허의 유효기간 만료일부터 5년으로 한다.

ⓑ 그 밖의 경우는 갱신되는 날부터 5년으로 한다.

5) 면허의 실효·취소

(1) 면허의 실효

ⓐ 상위등급의 면허를 발급받을 때, 하위등급의 면허는 자동으로 실효된다. 다만, 한정되지 아니한 하위등급면허를 소지한 사람이 상위등급의 한정된 면허를 발급받을 경우에는 실효되지 않는다.

ⓑ 전파법 제70조에 따른 무선종사자의 자격을 잃었을 때의 통신사 면허는 자동으로 실효된다.

(2) 면허의 취소

해기사가 다음에 해당할 때에는 해양수산부장관이 면허를 취소하거나 1년 이내의 기간을 정하여 업무의 정지를 명하거나 견책을 할 수 있다. 단, 당해 사유와 관련된 해양사고에 대하여 해양안전심판원이 심판을 개시한 때에는 그러하지 아니하다.

ⓐ 승무기준을 위반하여 승무한 때

ⓑ 선박직원으로 승무하는 때에 면허증 또는 승무자격증을 제출하지 않거나 이를 선박 안에 비치하지 아니한 때

ⓒ 면허증 또는 승무자격증을 다른 사람에게 대여하거나 부당하게 행사한 때

ⓓ 선박직원으로 직무를 수행함에 있어 비행이 있거나 인명 또는 재산에 위험을 초래하거나 해양환경보전에 장해를 미치는 행위를 한 때

ⓔ 업무의 정지처분을 받고 통지를 받은 날로부터 30일 이내에 면허증을 제출하지 아니한 때

ⓕ 업무정지 기간 중에 승무한 때

이 외에도 「해사안전법」에 따라 해양경찰청장이 해양수산부장관에게 요청할 경우에는 다음과 같이 처분해야 한다. 단, 당해 사유와 관련된 해양사고에 대하여 해양안전심판원이 심판을 개시한 때에는 적용하지 않는다.

ⓐ 혈중알코올농도가 0.03% 이상 0.08% 미만인 경우로서 1차 위반인 경우에는 업무정지 6개월, 2차 위반나 사람을 죽게 하거나 상해를 입혔을 경우에는 면허를 취소해야 한다.

ⓑ 혈중알코올노동가 0.08% 이상인 경우에는 면허를 취소해야 한다.

ⓒ 측정요구에 불응하였을 경우에는 면허를 취소해야 한다.

해양수산부장관은 해기사가 사기 기타의 부정한 방법으로 면허를 발급받았을 때에는 그 면허를 취소하여야 한다.

7.2.4 해기사 시험

1) 응시 요건

현행법령은 별도의 응시 자격을 규정하고 있지 않으므로 응시의 제한은 없지만 해기면허의 발급 요건을 만족해야만 면허가 발급되므로 시험에 합격 후 3년 이내에 발급 요건을 충족해야 한다.

2) 시험과목 및 출제 비율

시험과목 및 출제 내용은 응시하는 면허 등급에 따라 다르며 선박직원법 시행령 별표 2에는 시험과목이 규정되어 있고 과목 내용별 출제 비율은 해양수산부장관이 고시[82]에서 정하고 있다.

3) 시험 방법

항해사 · 기관사 및 운항사의 시험은 필기시험과 면접시험으로 구분한다. 3급 항해사 · 기관사 이하의 면허시험의 경우에는 면접시험을 면제한다. 현재 시행하고 있지는 않지만 해양수산부장관은 영어의사 소통능력의 평가를 위한 면접시험을 별도로 시행할 수 있다.

기관사 · 항해사 시험에 한정해서 보면 3급 이하의 면허는 필기시험을 대체하여 면접시험으로 해기사 면허 취득이 가능하다. 2급 이상의 면허는 필기시험과 면접시험으로 구성되어 있으며 2급 면허까지는 필기면제교육 이수자에 한해서 면접시험만으로 해기사 면허 취득이 가능하다.

면접시험은 현장경험을 중시하는 관행을 반영한 제도지만 STCW협약에서는 지식과의 균형을 강조하고 있는 만큼 이를 보충하기 위한 이론교육(필기면제교육)을 반드시 이수해야만 면접시험을 통해서 해기사 면허의 취득이 가능하다. 면접시험 응시자는 필기시험 응시자와 달리 2배의 승무경력을 요구하고 있으며 필기시험과 면접시험으로 구성된 2급 이상의 면허 시험에 한해 필기시험 합격자에게는 4년 동안 필기시험합격을 인정하고 있다. 따라서 4년간 면접시험 응시 횟수의 제한 없이 응시할 수 있다.

82) 「해기사시험과목 내용별 출제비율」참조.

[표 7-2] 기관사 해기사 시험 과목

시험 과목	과목내용	시험응시대상 면허등급
1. 기관(1)	1. 내연기관	6급 기관사 이상
	2. 외연기관	6급 기관사 이상
	3. 추진장치 및 동력전달장치	6급 기관사 이상
	4. 연료 및 윤활제	6급 기관사 이상
2. 기관(2)	1. 유체기계 및 환경오염방지기기	6급 기관사 이상
	2. 냉동공학 및 공기조화장치	6급 기관사 이상
	3. 기계공작법	3급 기관사 내지 5급 기관사
	4. 열역학 및 열전달	3급 기관사 이상
	5. 기계역학 및 유체역학	3급 기관사 이상
	6. 재료역학 및 금속재료학	3급 기관사 이상
	7. 조선학(5급은 선체구조에 한 함)	2급 기관사 내지 5급 기관사
	8. 설계제도	3급 기관사 내지 5급 기관사
3. 기관(3)	1. 전기공학 및 전기기기	6급 기관사 이상
	2. 전자공학 및 전자회로	6급 기관사 이상
	3. 공업계측 및 전기 · 전자계측	3급 기관사 이상
	4. 제어공학 및 제어기기	3급 기관사 이상
4. 직무일반	1. 당직근무 및 직무일반	3급 기관사 이하
	2. 선박에 의한 환경오염방지	3급 기관사 이하
	3. 응급의료	3급 기관사 이하
	4. 비상조치 및 손상제어	6급 기관사 이상
	5. 방화 및 소화요령	3급 기관사 이하
	6. 해사관계법령	3급 기관사 이하
	7. 기관관리	2급 기관사 이상
	8. 승무원관리 및 훈련	3급 기관사 이상
	9. 해사관련 국제협약	3급 기관사 이상
	10. 기관영어	5급 기관사(국내항을 운항하는 선박에 승무하는 경우에 한정)
5. 영어	1. 기관영어	5급 기관사 이상(5급 기관사 국내항 한정은 제외)
	2. 해사영어	3급 기관사 이상

※ 면접시험의 과목은 해양수산부장관이 가감하여 시행할 수 있다.

[표 7-3] 전자기관사 시험 과목

시험과목	과목내용
전자기관(1)	1. 전기공학 2. 전자기기 3. 전자공학 및 전자회로 4. 공업계측 및 전기 · 전자계측 5. 제어공학 및 제어기기
전자기관(2)	1. 선박자동화 및 선내컴퓨터 네트워크 시스템 2. 전자 분사제어 시스템 3. 전자항해 시스템 4. 무선통신 시스템 5. 갑판기기와 하역기기 제어 시스템 6. 전력변환 시스템
직무일반	1. 당직근무 및 직무일반 2. 선박에 의한 환경오염 방지 3. 응급의료 4. 비상조치 및 손상제어 5. 방화 및 소화 방법 6. 해사관계 법령 7. 승무원관리 및 훈련
	8. 해사관련 국제협약
영어	1. 기관영어 2. 해사영어

※ 3급 기관사 또는 3급 운항사(기관전문) 이상의 면허를 가진 사람(3급 기관사 이상 또는 기관전문 3급 운항사 이상의 시험에 합격한 사람을 포함한다)이 전자기관사 시험에 응시하는 경우에는 직무일반 및 영어 과목의 시험을 면제한다.

7.2.5 승무경력

1) 승무경력 기간의 계산

승무경력 기간은 승선한 날로부터 하선한 날까지의 기간이다. 이때 1월에 미달되는 승무경력은 합산하여 30일을 1월로 하고, 1년에 미달되는 승무경력기간은 합산하여 12월을 1년으로 한다. 다른 직무로 승무한 기간이 있는 경우에는 선박직원법 시행령 별표 1의 3(해기사면허를 위한 승무경력)에 의한 직무별 기간에 비례해서 환산하여 서로 합산할 수 있다.

2) 승무경력의 증명

다음 서류에 기재된 승선 일과 하선 일로 증명할 수 있다.

ⓐ 선원수첩

ⓑ 선원수첩을 가진 사람이 이를 잃어버렸거나 훼손되어 사용할 수 없는 경우에는 선원수첩을 교부한 지방해양수산청장, 지방해양수산청 해양수산사무소장, 한국해양수산연수원의 원장 또는 한국선원복지고용센터의 이사장이 증명하는 서류

ⓒ 훈련기록부. 다만, 해기사 실습생 또는 부원의 경력으로 신규 해기사 면허를 취득하고자하는 사람에 한한다.

ⓓ 승무경력으로 인정되는 교육기간, 승무경력과 동등하다고 인정되는 경력기간(육상근무기간)은 소속기관의 장 또는 대표자가 증명하는 서류

ⓔ 선원수첩을 가지지 않은 사람이 승무할 수 있는 선박에 승무한 경력의 증명방법은 별도로 해양수산부장관이 정하는 바에 따른다.

[표 7-4] 기관사면허 최저 승무경력

<table>
<tr><th rowspan="2">기관사</th><th colspan="4">승무경력</th></tr>
<tr><th>자격</th><th>선박</th><th>직무</th><th>기간</th></tr>
<tr><td rowspan="5">1급</td><td rowspan="5">2급 기관사 또는 2급 운항사</td><td rowspan="2">연안수역 또는 원양수역을 항행구역으로 하는 선박 중 주기관 추진력이 3,000kW 이상의 선박</td><td>기관장 · 운항장 · 1등 기관사 또는 1등 운항사</td><td>2년</td></tr>
<tr><td>기관장 · 운항장 · 1등 기관사 및1등 운항사를 제외한 선박직원</td><td>4년</td></tr>
<tr><td rowspan="2">연안수역 또는 원양수역을 항행구역으로 하는 선박 중 주기관 추진력이 1,500 kW 이상 3,000 kW 미만의 선박</td><td>기관장 또는 1등 기관사</td><td>3년</td></tr>
<tr><td>기관장 및 1등 기관사를 제외한 선박직원</td><td>5년</td></tr>
<tr><td>주기관 추진력이 3000 kW 이상의 함정</td><td>기관장</td><td>2년</td></tr>
<tr><td rowspan="5">2급</td><td rowspan="5">3급 기관사 또는 3급 운항사</td><td>연안수역 또는 원양수역을 항행구역으로 하는 선박 중 주기관 추진력이 1,500 kW 이상의 선박</td><td>선박직원</td><td>2년</td></tr>
<tr><td rowspan="2">연안수역 또는 원양수역을 항행구역으로 하는 선박 중 주기관 추진력이 750kW 이상 1,500 kW 미만의 선박</td><td>기관장 또는 1등 기관사</td><td>3년</td></tr>
<tr><td>기관장 및 1등 기관사를 제외한 선박직원</td><td>4년</td></tr>
<tr><td rowspan="2">주기관 추진력이 1,500k W 이상의 함정</td><td>기관장</td><td>2년</td></tr>
<tr><td>기관의 운전</td><td>3년</td></tr>
<tr><td rowspan="7">3급</td><td rowspan="3">4급 기관사 또는 4급 운항사</td><td>연안수역 또는 원양수역을 항행구역으로 하는 선박 중 주기관 추진력이 750kW 이상의 선박</td><td>선박직원</td><td>2년</td></tr>
<tr><td rowspan="2">연안수역 또는 원양수역을 항행구역으로 하는 선박 중 주기관 추진력이 350kW 이상 750 kW 미만의 선박</td><td>기관장 또는 1등 기관사</td><td>3년</td></tr>
<tr><td>기관장 및 1등 기관사를 제외한 선박직원</td><td>4년</td></tr>
<tr><td>선박 경력</td><td>연안수역 또는 원양수역을 항행구역으로 하는 선박 중 주기관 추진력이 750kW 이상의 선박</td><td>기관의 운전</td><td>5년</td></tr>
<tr><td rowspan="2">4급 기관사</td><td rowspan="2">주기관 추진력이 750kW 이상의 함정</td><td>기관장</td><td>2년</td></tr>
<tr><td>기관의 운전</td><td>3년</td></tr>
<tr><td>함정 경력</td><td>주기관 추진력이 750kW 이상의 함정</td><td>기관의 운전</td><td>5년</td></tr>
</table>

<table>
<tr><th rowspan="2">기관사</th><th colspan="4">승무경력</th></tr>
<tr><th>자격</th><th>선박</th><th>직무</th><th>기간</th></tr>
<tr><td rowspan="6">4급</td><td rowspan="2">5급 기관사</td><td>주기관 추진력이 350kW 이상의 선박</td><td>선박직원</td><td>1년</td></tr>
<tr><td>주기관 추진력이 350kW 미만의 선박</td><td>선박직원</td><td>2년</td></tr>
<tr><td>선박 경력</td><td>주기관 추진력이 350kW 이상의 선박</td><td>기관의 운전</td><td>4년</td></tr>
<tr><td>5급 기관사</td><td>주기관 추진력이 350kW 이상의 함정</td><td>기관의 운전</td><td>1년</td></tr>
<tr><td>함정 경력</td><td>주기관 추진력이 350kW 이상의 함정</td><td>기관의 운전</td><td>4년</td></tr>
<tr><td rowspan="6">5급</td><td rowspan="2">6급 기관사</td><td>주기관 추진력이 350kW 이상의 선박</td><td>선박직원</td><td>1년</td></tr>
<tr><td>주기관 추진력이 150kW 이상 350kW 미만의 선박</td><td>선박직원</td><td>2년</td></tr>
<tr><td>선박 경력</td><td>주기관 추진력이 350kW 이상의 선박</td><td>기관의 운전</td><td>3년</td></tr>
<tr><td>6급 기관사</td><td>주기관 추진력이 350kW 이상의 함정</td><td>기관의 운전</td><td>1년</td></tr>
<tr><td>함정 경력</td><td>주기관 추진력이 350kW 이상의 함정</td><td>기관의 운전</td><td>3년</td></tr>
<tr><td rowspan="4">6급</td><td rowspan="4">선박 경력</td><td>주기관 추진력이 500kW 이상의 선박</td><td>기관의 운전</td><td>1년</td></tr>
<tr><td>주기관 추진력이 500kW 이상의 선박</td><td>기관의 운전</td><td>2년</td></tr>
<tr><td>주기관 추진력이 150kW 이상 500kW 미만의 선박</td><td>기관의 운전</td><td>3년</td></tr>
<tr><td>주기관 추진력이 150kW 이상 500kW 미만의 선박</td><td>기관의 운전</td><td>3년</td></tr>
</table>

※ 1. 5급 기관사부터 3급 기관사까지의 면허를 위한 승무경력에는 6개월 이상의 기관당직근무(실습을 포함한다) 경력을 포함하여야 한다.

2. 4급 기관사부터 1급 기관사까지의 면허를 위한 승무경력에는 해당 선박 중 최상급 주기관 추진력 이상의 선박에서의 6개월 이상의 승무경력(실습을 포함한다)을 포함하여야 하며, 5급 기관사 이하의 면허를 위한 승무경력에는 해당 선박 중 최상급 주기관 추진력 이상의 선박에서의 3개월 이상의 승무경력(실습을 포함한다)을 포함하여야 한다.

3. 6급 기관사 면허를 위한 승무시간 중 총톤수 5톤 이상 100톤 미만의 어선과 총톤수 100톤 이상의 어선에서 승무한 경력으로 면허를 취득하는 경우에는 어선면허에 한정하여 면허를 발급하여야 한다.

4. 자격란 중 운항사는 기관전문의 운항사를 말한다.

7.2.6 선박직원 직무 및 승무기준

1) 직무

선박직원법에서는 구체적으로 선박직원의 직무를 직책에 따라 규정하고 있지 않으며 포괄해서 규정하고 있다. 선종, 선박 규모, 항행구역 및 선내 구성원에 따라 직무의 범위가 상이할 수 있기 때문이다. 해양사고와 관련한 선박직원의 과실 또는 고의성과 관련한 인적 요인을 조사함에 있어서 관련 선박직원의 선원근로계약서와 함께 선내에서 이루어지는 직무 관행을 종합적으로 검토하고 확인해야 할 필요성이 있다.

그럼에도 불구하고 선박직원법상의 선박직원에 관한 직무 내용은 선내 조직의 기본적인 틀을 제공하고 승무기준을 정하는 데 있어서 직무범위를 정하는 데 의의가 있다(법 시행령 제22조 참조).

ⓐ 선장은 선박의 운항관리에 대하여 책임을 진다. 부득이한 사유로 선장이 직무를 수행할 수 없을 때 자동화선박에서는 1등 운항사(항해전문)가 기타의 선박에서는 1등 항해사가 그 직무를 대행한다.

ⓑ 기관장은 기관의 운전에 대하여 책임을 진다.

ⓒ 기관사는 기관부에서 기관 당직을 행한다.

ⓓ 전자기관사는 항해장비 및 갑판기기를 포함한 선박의 전기 · 전자 · 통신 및 자동제어 설비 · 시스템의 운전 · 감시 · 유지 · 수리 · 보수관리 업무를 수행한다.

ⓔ 운항장 및 운항사는 자동화선박에서 운항당직(항해기관 및 전자통신 등에 대한 통합 당직을 말함)을 행한다.

2) 기관사 최저승무기준

선박직원의 승무기준〈표 7-5〉은 시행령 「별표 3」 선박직원 최저승무기준에 명시되어 있으며 선박소유자는 이 기준을 만족하는 유효한 기관사 면허를 소지한 기관사를 고용해야 한다.

[표7-5] 선박에서 기관사의 승무기준(어선 제외)

선박의 항행구역		주기관 추진동력(kW)	선 박 직 원	승 무 자 격
연안수역	평수구역	750 미만	기 관 장	6급 기관사
		750 이상 3,000 미만	기 관 장	5급 기관사
		3,000 이상	기 관 장 1등 기관사	4급 기관사 5급 기관사
	평수구역 제외한 연안수역	750 미만	기 관 장	6급 기관사
		750 이상 1,500 미만	기 관 장 1등 기관사	5급 기관사 6급 기관사
		1,500 이상 3,000미만	기 관 장 1등 기관사	4급 기관사 5급 기관사
		3,000 이상	기 관 장 1등 기관사	3급 기관사 4급 기관사
원양수역		750 미만	기 관 장 1등기관사	4급 기관사 6급 기관사
		750 이상 1,500 미만	기 관 장 1등기관사	4급 기관사 5급 기관사
		1,500 이상 3,000 미만	기 관 장 1등 기관사 2등 기관사	3급 기관사 4급 기관사 5급 기관사
		3,000 이상 6,000 미만	기 관 장 1등 기관사 2등 기관사 3등 기관사	2급 기관사 3급 기관사 4급 기관사 5급 기관사
		6,000 이상	기 관 장 1등 기관사 2등 기관사 3등 기관사	1급 기관사 2급 기관사 3급 기관사 4급 기관사

※ 기관는 수상레저안전법에 따른 동력요트 중 승객이 13명 미만으로서 총톤수 55톤 미만이고, 주기관 추진력이 750 kW 미만인 동력요트에서 기관장의 직무를 할 수 있다.

3) 원양수역에서의 상급선박직원의 직무수행을 위한 승무 경력

원양수역을 항행구역으로 하는 선박(연안수역을 항행구역으로 하는 선박 중 국제항해에 종사하는 상선을 포함한다)에서 기관장·1등 기관사의 직무를 행하고자 하는 자는 최소한 〈표 7-6〉의 승무경력이 있고, 원양선 직무교육과정을 이수하여야 한다.

[표 7-6] 원양수역을 항해하는 관리급 선박직원의 승무경력

주기관 추진력(kW)	승무할 직무	선박직원으로 승무한 경력
750 미만	기 관 장	1년 이상
750 이상 3,000 미만	기 관 장	2년 이상(1등 기관사로 1년 이상 승무한 경력이 포함되어야 한다)
	1등 기관사	1년 이상
3,000 이상	기 관 장	3년 이상(1등 기관사로 1년 이상 승무한 경력이 포함되어야 한다)
	1등 기관사	1년 이상

※ 주기관 추진력이 750 kW 이상 3,000 kW 미만인 원양어선에 1등기관사로 승선할 경우 직무수행을 위한 승무경력에 적용받지 않는다.

4) 승무기준의 특례

(1) 결원이 발생한 경우의 특례

다음에 해당하는 경우에는 승무기준이 적용되지 않는다(법 제12조 제1항). 그러나 선박소유자는 지체 없이 그 사실과 결원보충계획을 해양수산부장관에게 통보해야 하며 해양수산부장관이 통보를 받은 경우에도 필요하다고 판단할 때에는 결원을 지체없이 보충하도록 선박소유자에게 명령할 수 있다.

ⓐ 외국의 각 항간을 항행하는 선박으로서 선박직원에 결원이 생겼으나 그 보충이 곤란한 경우

ⓑ 본국항과 외국항 간을 항행하는 선박이 국외에서 선박직원 결원이 발생하고 본국항까지 항행하는 경우,

ⓒ 그 외의 선박이 항행 중 선박직원에 결원이 생겼으나 그 보충이 곤란한 경우

(2) 허가에 의한 승무기준의 특례

선박소유자는 선박이 다음에 해당하는 경우에 해양수산부장관의 허가를 받은 때에는 승무기준(법 제11조)의 규정에도 불구하고 해기사를 허가된 직의 선박직원으로 승무시킬 수 있다.

ⓐ 다른 선박에 예인되어 항행하는 경우
ⓑ 입거 · 수리 · 계류 기타 사유로 인하여 항행에 사용되지 않는 경우
ⓒ 선박의 구조나 설비가 특수한 경우
ⓓ 특정한 항로나 수역만을 항행하는 경우
ⓔ 외국의 영토에 기지를 두고 연안 항해를 하는 경우
ⓕ 외국 선박의 경우
ⓖ 항행예정시간이 4시간 미만인 국내항을 긴급히 항행할 필요가 있다고 인정되는 경우

또한 해양수산부장관은 다음과 같이 해기사의 수급 등 부득이하게 6월의 범위 안에서 승무기준 중 해기사 면허 등급을 완화하여 승무를 허가할 수 있다.

ⓐ 국민경제 또는 국가안보에 중대한 영향을 미치는 물자를 긴급히 수송하는 경우로서 관계기관의 장의 요청이 있는 경우
ⓑ 긴급히 도서민을 수송하는 경우
ⓒ 해양수산부장관이 해기사의 수급에 있어서 부득이 하다고 인정하는 경우

7.2.7 해기사 실습생의 관리 및 지정교육기관 평가

1) 해기사 실습생의 실습

해기사 양성과정에 참여하는 사람은 STCW협약과 이 법에 따라 선박에서 일정기간 실습을 완료해야 한다. 우리나라의 해기사 양성과정은 지정교육기관에서 일정 기간 육상에서 이론과 실습을 이수하고 선박에서 이루어지는 실습으로 이루어져 있다. 실습은 실습선에서 이루어지는 '승선실습'과 상업적으로 운항되는 선박(상선 또는 어선)에서 이루어지는 '현장승선실습'으로 구분된다. 특히 '현장승선실습'은 선박소유자에게 위탁하여 이루어지

는 교육이지만 해기사 실습생의 안전관리가 소홀해질 수 있으므로 정부와 실습생을 위탁한 지정교육기관이 참여해야 할 필요성이 있다.

이에 따라 지난 2020년 선박직원법과 선원법을 동시에 개정하여 해기사 실습생의 관리규정이 신설되었다. 각 법의 취지에 따라 선박직원법에서는 해기사 실습생의 교육 및 훈련에 관한 규정이 있으며 선원법에서는 실습선원으로서 보장받아야 할 학습권과 함께 이들의 기본적인 휴식권(휴식시간)에 관하여 규정하고 있다.

선박직원법에 따라 우선 해기사 실습생은 해양수산부장관이 고시하는 '현장승선실습표준협약서'를 선박소유자와 체결하여야 한다. 이때 실습생이 소속된 지정교육기관의 장이 참여할 수 있다. 선박소유자는 내실 있는 현장실습이 이루어질 수 있도록 실습을 담당하는 선박직원을 지정해서 지도 · 감독하여야 한다(법 제21조의2).

2) 지정교육기관 평가(해기품질평가)

1995년 STCW협약에 당사국에 대한 평가제도가 도입됨에 따라 선박직원법에서는 이를 이행하기 위하여 지정교육기관, 해기사 시험 집행기관 또는 해기사면허관리기관에 관한 해기품질평가제도를 도입하였다. 외부 해기품질평가는 5년 주기로 실시하며 방법 및 결과에 따른 개선 절차 등은 해양수산부장관의 고시[83]로 정한다.

정리하기

★ 우리나라의 해기사를 배출하는 교육기관(지정교육기관)으로는 어떤 교육기관들이 있는지를 조사하고 교육기관별 입학 대상 자격요건, 졸업 후 취득하게 되는 면허등급 및 교육 기간을 비교 · 검토해보고 설명하기.

★ 향후 기관사로서 경력관리를 위해서 고려해야 할 요소로는 무엇이 있을지를 논의하고 그 이유를 설명하기.

83) 해양수산부고시「해기품질기준」참조.

〈선박직원법과 해기사 실습생〉

STCW협약 당사국은 동 협약에 따라 해기사 실습생을 양성해야 할 의무가 있으며, 각국의 교육법과 조화를 이루면서 정규교육과 함께 해기사를 양성하거나 직업교육의 형태로 이루어지기도 한다. 우리나라의 경우, 선박직원법에 따라서 정규교육기관과 그 밖의 교육기관(한국해양수산연수원 또는 해양경찰교육원)을 통해서 해기사가 양성되고 있어 산업계의 수요와 환경변화에 능동적으로 해기사를 공급할 수 있는 체계를 갖추고 있다고 평가할 수 있다.

해기사 실습생은 지정교육기관에서 해기사 면허 취득의 목적으로 선박에서 실습하는 교육생을 칭한다. 해기사 실습은 해기사 면허를 발급받기 위한 전제 교육 요건으로서 육상교육으로 해결할 수 없는 현장경험을 얻을 수 있으며, 육상교육을 통해서 얻은 지식을 실무적으로 응용할 수 있는 능력을 향상시킬 수 있는 기간으로서 실무 경험을 중요시하는 해기사 교육을 엿볼 수 있는 제도라고 할 수 있다.

우리나라는 해기사 양성 교육기관들이 다수의 실습선을 보유하고 있어 내부적으로 승선실습 교육을 실시하고 있지만 동시에 선사의 위탁교육을 통해서 현장의 실무 감각을 익히도록 하는 혼합식 교육으로 진행되고 있다. 최근에 들어 과학기술의 발달과 함께 교육용 시뮬레이터 장비가 교육용으로 많이 사용되고 있으며 해기사 교육분야에도 이와 관련해서 많은 논의가 진행되고 있다.

선원법

8

8.1 소개

선원은 육상의 노동자와 동일한 근로기준을 적용함에 있어서 불합리한 면들이 많다. 단적으로 선원의 주 근무지는 육지가 아닌 지구환경 중 가장 변화무쌍하고 사람이 상주할 수 없는 해양을 항해하는 선박이기 때문이다. 또한 선박이라는 용어의 표기는 동일할 수 있으나 사용목적에 따라 선종은 다양하고 이들 선박에서 근무하는 노동자의 근무형태도 다양해지고 있는 경향이 있다. 예컨대 해양관광산업 중 크루즈 관광에 사용되는 크루즈선에는 다양한 편의시설과 레저시설이 있으며 이들 시설에서 근무하는 노동자는 전통적인 개념의 선원은 아니지만 육상의 근로자와 동일하게 처우하는 것 또한 불합리하기에 MLC에서는 선원으로 정의하고 있다. 이와 같이 선원의 범위는 예전과 달리 확대되고 있으며 최소한의 근로조건 및 권리를 보장할 수 있는 사회보장제도를 제공하기 위한 선원노동법을 제정하여 시행하는 것은 현대국가의 보편적인 입법경향이라 할 수 있다.[84)]

우리나라 헌법 제32조 제2항에서는 근로조건의 기준은 인간의 존엄성을 보장하도록 법률로 정한다고 규정하고 있다. 「선원법」은 선원직의 특수성을 고려하여 「근로기준법」과 다른 선원의 근로조건을 규정하고 있으며 또한 선내질서 유지, 선원의 기본적 생활의 보장과 향상 그리고 지속적인 자질향상 등을 도모하는 목적으로 제정되었다.

84) ILO의 회원국 감독 제도에 따라 MLC 당사국이 보고한 MLC 이행법률 현황을 보면 대부분이 독립된 MLC 이행법령을 제정하여 시행하고 있음을 확인할 수 있다(https://www.ilo.org/dyn/normlex/en/f?p=1000: 80020:::NO:80020::).

8.2 용어 정의 및 적용 범위

8.2.1 정의

1) 선원

선원이란 이 법이 적용되는 선박[85]에서 근로를 제공하기 위하여 고용된 사람을 말한다. 다만, 대통령령으로 정하는 사람[86]은 제외한다. 선원은 선장 및 해원(선장을 제외한 선원)과 예비원(현재 승무하지 않은 선원)으로 구성된다.

선원이 될 목적으로 실습을 위하여 승선하는 사람(실습선원)은 원칙적으로 선원에 포함되지 않지만 해양수산부령으로 정하는 바[87]에 따라 이 법 중 일부 규정이 적용된다.

2) 선박소유자의 범위

선원법상의 "선박소유자"란 선주, 선주로부터 선박의 운항에 대한 책임을 위탁받고 이 법에 따른 선박소유자의 권리 및 책임과 의무를 인수하기로 동의한 선박관리업자, 대리인, 선체용선자(船體傭船者) 등을 말한다. MLC의 선박소유자 정의와 일치시키고 있다.

85) 대통령이 정하는 선박이란, 대한민국 국적을 취득할 것을 조건으로 용선한 외국 선박과 국내항 사이만을 항행하는 외국 선박을 말한다.

86) 선원법 제2조에서 "대통령령으로 정하는 사람"이란 선박검사원, 선박수리기술자, 도선사, 실습선원(선원법에서 정한 선원이 될 목적으로 실습을 위하여 승선하는 사람/해기사 실습생) 또는 「해운법」 제3조제5호의 순항(巡航)여객운송사업의 면허를 받아 운항하는 선박에 승선하는 연예인으로서 통상적으로 선내에서 근로를 하지 않는 선내조직의 일원이 아닌 사람을 말한다.

87) 선원법 시행규칙 제3조(실습선원의 적용범위) 참조 ; 선내질서의 유지에 관한 규정, 송환·유기구제보험 · 선원명부 · 선원수첩 · 선원신분증명서 및 승무경력증명서에 관한 규정, 선내급식 · 선내급식비 및 건강진단서에 관한 규정, 소년선원과 여자선원에 관한 규정, 재해보상에 관한 규정, 교육훈련에 관한 규정을 적용한다. 그러나 실습선원의 재해보상에 관한 규정을 적용함에 있어서 실습선원의 통상임금과 승선평균임금은 그 실습선원이 실습을 마치고 승무하게 될 직급에 해당되는 선원의 통상임금과 승선평균임금의 100분의 70으로 한다.

3) 선원근로계약

선원은 승선하여 선박소유자에게 근로를 제공하고 선박소유자는 근로에 대하여 임금을 지급하는 것을 목적으로 체결된 계약을 말한다.

4) 항해선

내해, 「항만법」에서 규정하고 있는 항만구역 내의 수역 또는 이에 근접한 수역 등으로서 「영해 및 접속수역법」상의 영해 내의 수역만을 항해하는 선박 외의 선박을 말한다.

5) 근로시간

선원이 선박 또는 선박의 운항을 위하여 근로하는 시간을 말한다(선원법 제2조제16호).

6) 휴식시간

근로시간 외의 시간(근로 중 잠시 쉬는 시간은 제외한다)을 말한다(선원법 제2조제17호).

7) 해사노동적합증서

선원의 근로기준 및 생활기준에 대한 검사 결과, 이 법과 MLC에 따른 인증기준에 적합하다는 것을 증명하는 문서를 말한다.

8) 해사노동적합선언서

해사노동협약을 이행하는 국내 기준을 수록하고 그 기준을 준수하기 위하여 선박소유자가 채택한 조치 사항이 이 법과 해사노동협약의 인증기준에 적합하다는 것을 승인하는 문서를 말한다.

8.2.2 적용 선박

선원법에서 정의하는 '선박'은 「선박법」상 선박을 말한다. 따라서 기선(기관으로 추진되는 선박), 수면비행선박, 범선 및 부선은 포함되지만, 시추선과 같은 해양구조물과 「해양레저안전법」의 해양레저기구는 해당되지 않는다. 또한 대한민국 국적을 취득할 것을 조건으로 나용한 외국 선박(국적취득조건부나용선)[88]과 국내항에 입항하는 외국 선박에도 적용된다. 그러나 다음의 선박은 적용 제외하고 있다.[89]

ⓐ 총톤수 5톤 미만의 선박으로서 항해선이 아닌 선박(총톤수 5톤 미만이지만 항해선인 경우에는 선원법이 적용됨)

ⓑ 호수, 강 또는 항내만을 항행하는 선박(「선박의 입항 및 출항 등에 관한 법률」 제24조에 따른 예선은 제외됨)

ⓒ 근해구역 이내에서만 조업하는 총톤수 20톤 미만의 어선

ⓓ 부선. 다만, 해상화물운송사업을 영위하기 위하여 등록한 부선을 제외

8.2.3 근로기준법과의 관계

선원법이 적용되는 선박의 선원, 선박소유자는 이 법의 적용을 받지만 이 법이 적용되지 않는 선박의 선원은 원칙적으로 근로기준법을 적용한다. 제정 선원법은 근로기준법과의 관계를 명확하게 규정하여 선원법에서 정하는 근로에 관한 규정을 제외한 사항은 근로기준법을 포괄적으로 준용하도록 명시하고 있었다. 그러나 1984년 전부 개정하면서 근로기준법에 준용하는 규정을 한정해서 규정하는 방향으로 개정되었다(법 제5조).

88) 우리나라의 해운산업 초창기에 국적선대를 확보하기 위한 임차 계약의 형태로서 외국 선박을 장기간 용선하는 계약을 체결할 때 선박대금도 포함함으로써 용선계약이 만료될 때 선박의 소유권도 우리나라의 해운회사(우리나라 국적의 선박소유자)로 이전되도록 나용한 외국 선박을 말한다.

89) 선원법은 모든 선박이 아닌 해상의 특수성이 인정되는 선박에 한해 적용되고 있다. 해상의 특수성을 판단하는 요건은 현행법상 존재하지 않지만, 공통으로 선박의 항해구역(또는 범위)을 적용하고 있음을 알 수 있다. 이는 MLC의 선박 정의와도 일치하는 부분이다.

8.3 주요 내용

8.3.1 선박의 안전 및 선내 질서

1) 선장의 권한

선장 또한 선원(노동자)에 속하나 공법상 선박안전과 인사관리적인 측면에서 관행적으로 선박소유자를 대행하여 상당한 권한을 인정받았다. 선원법은 이와 같은 관습적인 권한과 함께 선장의 직무를 규정하고 있다.

(1) 지휘권(법 제6조)

해원을 지휘하고 선내 사람에 선장의 직무를 수행하기 위하여 필요한 명령을 할 수 있는 권한을 갖는다.

(2) 징계권(법 제22조)

선장은 해원이 아래에 해당하는 선내 질서를 훼손하는 행위 등을 했을 경우에는 5명 이상의 해원으로 구성된 징계위원회(단, 해원 수가 10명 이내인 경우에는 3명으로 구성)의 의결을 거쳐 징계할 수 있다. 이때 그 징계는 훈계, 10일 이내의 상륙 금지(정박 중 10 이내로 제한) 또는 하선이 있다. 하선 징계는 폭력행위 등으로 선내 질서를 현저히 문란하게 한 경우와 고의로 선박운항에 위험을 초래하게 하는 행위를 한 경우에만 행할 수 있다. 하선 징계가 이루어진 경우에는 즉시 선박소유자에게 그 사실을 알려야 한다.

ⓐ 상급자의 직무상 명령에 따르지 아니한 때
ⓑ 선장의 허가 없이 선박을 떠난 때
ⓒ 선장의 허가 없이 흉기 또는 마약류를 배안에 들여온 때
ⓓ 선내에서 싸움 · 폭행 · 음주소란행위를 하거나 고의로 시설물을 파손한 때
ⓔ 직무를 게을리 하거나 다른 해원의 직무수행을 방해한 때

ⓕ 정당한 사유 없이 선장이 지정한 시간까지 선박에 승선하지 아니한 때
ⓖ 그 밖에 선내 질서를 어지럽게 하는 행위로서 단체협약, 취업규칙 또는 선원근로계약으로 정하는 행위를 한 때

(3) 안전조치권(법 제23조)

선박의 안전을 확보하기 위해서 폭발하거나 불붙기 쉬운 물건, 「화학물질관리법」에 따른 유독물질을 보관, 폐기 등 필요한 조치와 함께 해원이나 그 밖의 선박에 있는 사람이 선박에 위해를 줄 우려가 있는 행위를 하려고 할 때에는 위해를 방지하는 데 필요한 조치를 할 수 있다.

(4) 원조요청권(법 제24조)

선내 질서의 회복이 어려울 때 외부의 행정기관에게 필요한 원조를 요청할 수 있으며 요청을 받은 관계 행정기관의 장은 협조해야 한다.

(5) 사법경찰관으로서의 직무 권한[90)]

2) 선장의 의무

(1) 출항 전 선박검사의 의무(법 제7조)

선박은 출항 전 ⓐ 선박이 항해에 견딜 수 있는지 여부, ⓑ 선박에 화물이 실려 있는 상태, ⓒ 항해에 적합한 정비, 인원, 식료품, 연료 등의 구비 및 상태, ⓓ 그 밖에 선박의 안전 운항을 위하여 해양수산부령[91)]으로 정하는 사항을 검사 또는 점검해야 할

---

90) 「사법경찰관리의 직무를 수행할 자와 그 직무범위에 관한 법률」 제7조(선장과 해원 등) ① 해선(海船)[연해항로(沿海航路) 이상의 항로를 항행구역으로 하는 총톤수 20톤 이상 또는 적석수(積石數) 2백 석 이상의 것] 안에서 발생하는 범죄에 관하여는 선장은 사법경찰관의 직무를, 사무장 또는 갑판부, 기관부, 사무부의 해원(海員) 중 선장의 지명을 받은 자는 사법경찰리의 직무를 수행한다.
② 항공기 안에서 발생하는 범죄에 관하여는 기장과 승무원이 제1항에 준하여 사법경찰관 및 사법경찰리의 직무를 수행한다.

91) 선원법 시행규칙 제4조 ② 법 제7조제1항제4호에서 "해양수산부령으로 정하는 사항"이란 다음 각호의 사항을 말한다.
1. 항로 및 항해계획의 적정성
2. 선박의 항해와 관련한 기상 및 해상 정보

의무가 있다. 그리고 그 결과를 선박소유자에게 보고해야 하며 만약에 문제가 있는 사항에 대해서는 선박소유자에게 적절한 조치를 요청해야 한다. 그리고 조치를 요청 받은 선박소유자는 선박의 안전운항에 필요한 조치를 실시해야 한다.

(2) 직항의 의무(법 제8조)

선장은 항해의 준비가 끝나면 지체없이 출항하여야 하며, 부득이한 사유가 있는 경우를 제외하고는 미리 정하여진 항로를 따라 도착항까지 항해해야 한다.

(3) 직접 지휘의 의무(법 제9조)

다음에 해당하는 상황에서는 당직항해사가 아닌 선장이 직접 지휘해야 한다. 선장이 직접 지휘해야 하는 경우, 예외적으로 이 법에서 규정하고 있는 근로시간 및 휴식시간의 적용을 제외하고 있어서 1등항해사 등[92]에게 직접 지휘를 대행시킬 수 없다.

ⓐ 항구를 출입할 때
ⓑ 좁은 수로를 지나갈 때
ⓒ 선박의 충돌·침몰 등 해양사고가 빈발하는 해역을 통과할 때.
ⓓ 그 밖에 선박에 위험이 발생할 우려가 있는 때로서 해양수산부령이 정하는 때

(4) 재선의 의무(법 제10조)

선장은 화물을 싣거나 여객이 타기 시작할 때부터 화물을 모두 부리고 여객이 다 내릴 때까지 선박을 떠나서는 안 된다. 다만, 기상 이상 등 특히 선박을 떠나서는 안 되는 사유가 있는 경우를 제외하고는 선장이 자신의 직무를 대행할 사람을 직원 중에서 지정한 경우에는 그러하지 아니하다. 대행할 직원의 범위는 법 제9조(직접 지휘)와 달리 자격을 정하고 있지는 않다.

---

3. 법 제15조에 따른 비상배치표 및 비상시에 조치하여야 할 해원의 임무 숙지상태
4. 그 밖에 선장이 선박의 안전운항을 위하여 필요하다고 인정하는 사항

92) 대행할 수 있는 선박직원은 1등 항해사, 운항장 또는 선원법 시행령 별표3에 따른 이들 이상의 승무자격 이상의 자격을 갖춘 직원을 말한다.

(5) 선박 위험 시 조치의 의무(법 제11조 및 제12조)

선장으로 근무하고 있는 선박이 급박한 위험이 있을 때에는 인명 및 선박 등의 안전을 확보하기 위한 필요한 조치를 해야 한다. 특히 인명구조 조치를 다하기 전에는 선박을 떠나서는 안 된다. 선박이 서로 충돌하였을 경우에도 상대방 선박에 대해서 동일하게 인명구조 조치의 의무가 있다.

(6) 조난 구조의 의무(법 제13조)

타 선박 또는 항공기의 조난을 통보받았을 경우에는 인명을 구조하는 데 필요한 조치를 해야 할 의무가 있다.

(7) 해상의 이상 상황 통보의 의무(법 제14조)

해상에서 통보받지 않은 폭풍우 등 기상 이상이 있거나 빙하 또는 떠다니거나 가라앉은 그 밖의 물건 등 선박의 항해에 위험을 줄 우려가 있는 것과 마주쳤을 때에는 타 선박의 선장과 해양경찰관서의 장에게 그 사실을 통보해야 한다.

(8) 비상 훈련 실시 및 선내 감독의 의무(법 제15조)

선장은 비상시에 조치해야 할 해원의 임무를 정한 비상배치표를 선내에 게시하고 이에 대비한 훈련을 주기적으로 실시해야 할 의무가 있다(화물선 1회/월, 국제여객선 1회/주, 국내여객선은 1회/10일). 또한 훈련 후에는 항해일지 및 기관일지에 그 사실을 기록하고 동영상 또는 사진으로 촬영하여 보존해야 할 의무가 있다.

주기적인 시기가 오지 않았을지라도 해원의 4분의 1이상이 교체된 때에는 출항 후 24시간 이내에 선내비상훈련을 실시해야 한다.

(9) 사망자 인도 의무(법 제17조)

선박에 있는 사람이 사망한 경우에는 다음 기항 예정항만 또는 가까운 항만으로 이동하여 시신을 유가족 등에게 인도될 수 있도록 조치해야 한다. 그러나 시신의 반입을 금지하는 항만인 경우에는 가능한 항만으로 이동하여야 한다. 또한 사망자 또는 행방불명자의 유류품을 보관하여 유족에게 전달해야 할 의무도 있다.

8.3.2 해원의 의무

1) 일반 의무

해원은 선박의 안전 및 경제적인 운항과, 선박에서의 질서를 유지하기 위하여 노력하여야 한다. 이 외에도 선장에게 부과된 선박 위험시의 인명, 선박 및 화물을 구조해야 하는 의무는 해원에게도 적용된다. 기타 취업규칙 및 근로계약상의 직무에 관한 의무도 적용된다.

2) 쟁의행위의 제한(법 제25조)

선원법은 선박의 특수성과 안전성을 고려하여 다음에 해당하는 경우에는 쟁의행위가 금지된다.

ⓐ 선박이 외국의 항구에 있는 경우
ⓑ 여객선이 승객을 태우고 항행중인 경우
ⓒ 위험물운송을 전용으로 하는 선박이 항행중인 경우로서 위험물의 종류별로 해양수산부령[93]이 정하는 경우
ⓓ 선장의 직접 지휘 및 감독하여 항해하는 경우
ⓔ 어선이 어장에서 어구를 내릴 때부터 냉동처리 등을 마칠 때까지의 일련의 어획작업 중인 경우
ⓕ 그 밖에 선원근로관계에 관한 쟁의행위로 인하여 인명이나 선박의 안전에 현저한 위해를 줄 우려가 있는 경우

93) 선원법 시행규칙 제17조 참조.

8.3.3 선원근로계약

1) 최저기준으로서의 선원법

근로기준법의 근로조건은 최저기준으로서 근로기준법을 이유로 종전보다 근로조건을 낮출 수 없다(근로기준법 제3조). 선원법도 이 원칙이 적용되며 선원의 근로계약이 선원법에 미달되는 경우에는 미달 부분만 무효로 하며 무효의 부분은 선원법에서 정한 기준에 따른다(법 제26조). 선원법의 근로조건은 민법상 계약과 달리 강행규정의 성격을 갖고 있으므로 선원이 이 사실을 모르고 하회 되는 근로조건의 선원근로계약서를 체결하더라도 해당 부분만 무효가 되어 선원법의 기준으로 갈음된다.[94)]

2) 선원근로계약의 의의 및 특성

(1) 의의

근로계약은 근로자가 사용자에게 근로를 제공하고 사용자는 근로의 대가로 임금을 지급하는 것을 목적으로 체결된 계약을 의미한다. 선원법도 근로기준법의 근로계약 개념과 일치시키고 있다. 「민법」 제655조에서는 고용의 의의를 당사자 일방이 상대방에게 노무를 제공할 것을 약정하고 상대방이 이에 대하여 보수를 지급할 것을 약정함으로써 그 효력이 생긴다고 규정하고 있다. 민법상의 고용계약은 계약의 당사자들 간의 동등한 권리와 의무를 부여하고 있으나 현실은 사용자가 우위의 지위를 가지고 강력한 권한행사를 하는 것이 일반적이다. 이처럼 고용계약에 있어서 약자에 해당되는 근로자를 보호하고 법적 권한 및 의무를 달리 정하고 있는 법률이 「근로기준법」[95)]과 「선원법」이라고 할 수 있다.

「선원법」에 따라 체결되는 선원근계약서의 서식은 자유로울 수 있다. 그러나 절차와 내용적인 부분[96)]은 MLC와 「선원법」의 따라 선박소유자와 선원이 서면(paper)의 근

94) 이와 관련한 자세한 내용은 권창영, 「선원법」(서울 : 법무사, 2016), 104-106쪽 참조.

95) 「근로기준법」도 근로자의 직종, 근로형태 및 계약형태 등 특수성을 고려하여 달리정하고 있다.

96) 선원법 시행규칙 제20조(선원근로계약서에 포함되어야 할 사항)

1. 선원의 국적, 성명, 생년월일 및 출생지
2. 선박소유자의 성명(법인의 경우에는 대표자의 성명을 말한다) 및 주소(법인의 경우에는 주사무소의 소재지를 말한다)
3. 선원근로계약이 체결된 장소 및 날짜

로계약서를 2부를 작성하여 서명하고 각각 1부를 소지하고 있어야 한다.

(2) 계약 당사자

선원근로계약의 당사자는 선원과 선박소유자가 된다. MLC에서는 명확하게 선박소유자에게 최종적인 법적 책임을 일원화시키고 있다. 그러나 선박소유자가 선원의 사용자 지위를 갖고 있지 않은 경우, 사용자가 그 책임을 이행하지 않고 선박소유자가 최종적으로 완수하지 않거나 회피해서 선원의 피해로 이어지는 상황이 발생할 가능성도 여전히 존재한다.[97)]

(3) 특성

선원근로계약은 근로기준법상의 근로계약의 개념과 차이가 없으므로 사용자의 지위를 갖는 선박소유자와 근로자의 지위를 갖는 선원에게 한정된다. 그러나 선원직의 국제성 또는 이동성을 고려하여 근로기준법과 달리 많은 이해당사자가 관여될 수 있고 이로 인한 선원의 고용불안전, 근로계약서상의 의무 불이행으로 인해서 발생할 수 있는 피해와 불이익을 방지하기 위한 특별한 규정이 존재한다. 예컨대 '유기구제보험', '실업수당', '선원근로계약의 존속' 및 '선원근로계약 종료의 특례' 등이 이에 해당된다.

---

4. 선원의 직무에 관한 사항
5. 임금에 관한 사항
6. 유급휴가 일수에 관한 사항
7. 선원근로계약의 종료에 관한 사항
8. 선박소유자가 그 비용을 부담하는 건강보호 및 사회보장 등에 관한 사항
9. 선원의 송환비용에 관한 사항
10. 선원의 근로조건에 관한 사항
11. 단체협약에 관한 규정이 필요한 경우에는 해당 단체협약에 관한 사항

97) 이와 같은 사례는 주로 크루즈선에서 발생하고 있다. 예컨대 크루즈선의 편의점운영 사업권을 가진 자가 고용한 근로자는 MLC상 선원에 해당되고 편의점 사업자는 선박소유자는 아니지만 선원의 실질적인 사용자에 해당된다. 이 경우, 편의점사업자는 선박소유자의 대리인 지위를 갖고 선원근로계약을 체결하고 선원에게 임금, 송환 및 유기구제 등의 책임을 갖는다. 만약 사업자가 선원근로계약의 책임을 완수하지 않았을 경우에는 크루즈선의 선박소유자가 그 책임을 완수해야 할 책임이 있다.

(4) 근로조건 위법성 결정 기준

선원근로계약서상의 근로조건과 선원법 간의 관계는 선원법에서 명시적으로 규정하고 있으므로 의문의 여지가 없다. 일반적으로 취업규칙 또는 단체협약이 선원법에 위반되는 내용을 담고 있을 경우에는 무효가 된다.

그러나 선원의 근로조건을 정하고 있는 취업규칙 또는 단체협약과 선원근로계약이 충돌하거나 취업규칙과 단체협약 간의 충돌이 발생할 경우에는 준거기준을 결정하는데 있어서 이해당사자 간의 대립이 발생하기도 한다.

전자의 경우 중 ⓐ 취업규칙과 선원근로계약의 근로조건의 충돌이 발생할 경우에는 선원법 제122조에 따라서 취업규칙에서 정한 기준에 미치지 못하는 근로조건을 정한 선원근로계약 중 기준에 미치지 않는 부분에 한해 무효로 한다. 이 경우, 그 무효 부분은 취업규칙에서 정한 기준에 따른다. ⓑ 단체협약과 선원근로계약의 근로조건이 충돌하는 경우, 「노동조합 및 노동관계조정법」 제33조에 따라서 단체협약에 정한 근로조건 기타 근로자의 대우에 관한 기준에 위반하는 취업규칙 또는 근로계약의 부분만 무효가 된다. 그리고 선원근로계약에 규정되지 아니한 사항 또는 근로계약에서 무효로 된 부분은 단체협약에 정한 기준에 따른다.

3) 선원근로계약 체결

(1) 체결

선박소유자는 선원근로계약을 체결할 때 선원에게 임금, 근로시간 및 그 밖의 근로조건을 구체적으로 밝혀야 할 의무가 있으며 그 내용을 변경하고자 할 때에도 동일하다(법 제27조 제1항). 선원근로계약을 체결할 때 선원이 원하는 경우에는 선원근로계약의 내용에 대하여 검토하고 자문을 받을 수 있는 기회를 제공해야 한다(법 제27조 제2항).

선원은 선원근로계약에 명시된 근로조건이 사실과 다른 경우에는 선원근로계약을 해지하고, 근로조건 위반에 따른 손해배상을 선박소유자에게 청구할 수 있다(법 제28조 제1항).

(2) 계약체결 조건

① 위약금 등의 예정 금지

선박소유자는 선원근로계약의 불이행에 대한 위약금이나 손해배상액을 미리 정하는 계약을 체결하지 못한다(법 제29조).

② 강제저축 등의 금지

선박소유자는 선원근로계약에 부수하여 강제저축 또는 저축금 관리를 약정하는 계약을 체결하지 못한다(법 제30조).

③ 전차금 상계의 금지

선박소유자는 선원에 대한 전차금[98]이나 그 밖에 근로할 것을 조건으로 하는 전대채권과 임금을 상계(相計)하지 못한다(법 제31조).

4) 선원근로계약 종료

(1) 일반

근로계약 기간은 당사자들의 합의에 의해서 정해진다. 그리고 기간이 도래했거나 계약의 조건인 사업이 완료되었거나 그 밖의 취업규칙에 따라 정년 또는 사망으로 인해서 근로자가 지속적으로 근로를 제공할 수 없는 사유가 발생한 경우에 근로계약관계가 종료된다. 그 밖의 근로계약이 지속되는 기간 내 관련 법령, 취업규칙 및 근로계약서상의 위반으로서 근로계약 종료에 해당하지 않는 한 근로관계는 지속된다.[99] 선원근로계약도 이와 같은 일반론이 적용되지만, 선원직의 특성을 고려하여 선원근로계약 관계의 종료를 제한하거나 연장하는 특별규정을 두고 있다.

98) 전차금이란 근로계약의 체결시 또는 고용 후에 근로자가 사용자로부터 차입하여 장래의 임금에서 변제할 것을 약정한 금전을 말한다.

99) 선원법 제32조 ① 선박소유자는 정당한 사유 없이 선원근로계약을 해지하거나 휴직, 정직, 감봉 및 그 밖의 징벌을 하지 못한다.

(2) 선원근로계약 해지[100] 제한

선박소유자는 ⓐ 선원이 직무상 부상의 치료 또는 질병의 요양을 위하여 직무에 종사하지 아니한 기간과 그 후 30일 ⓑ 산전·산후의 여성선원이 근로기준법 제74조에 따라 작업에 종사하지 아니한 기간과 그 후 30일 동안은 선원근로계약을 해지하지 못한다. 다만, 천재지변이나 그 밖의 부득이한 사유로 사업을 계속할 수 없는 경우로서 선원노동위원회의 인정을 받았을 때와 선박소유자가 이 법에 따라 일시보상(법 제98조)을 하였을 때에는 근로계약의 해지가 가능하다.

(3) 선원근로계약 해지 통보의 제한 및 구제

① 선박소유자로부터 해지 통보

선박소유자는 선원근로계약을 해지(해고)하려면 30일 이상의 예고기간을 두고 서면으로 해당 선원에게 알려야 한다. 그러나 통보 기한을 준수하지 않고 즉시 해고할 경우에는 30일분 이상의 통상임금을 지급하여야 한다. 그렇다고 해서 해고일 15일 전에 해고를 통보하고 15일에 해당하는 부족 일수에 대해서 통상임금을 지급하는 것이 선원법에 따른 조치로 인정될 수 없다.[101] 하지만 다음과 같이 선원의 귀책사유로 인해서 선원근로계약을 해지(해고)하는 경우에는 통상임금을 지급할 의무가 없다(법 제33조 제1항).[102]

ⓐ 선박소유자가 천재지변, 선박의 침몰·멸실 또는 그 밖의 부득이한 사유로 사업을 계속할 수 없는 경우로서 선원노동위원회의 인정을 받은 경우

100) 일반적으로 근로계약 해지란 당사자 간의 합의에 따른 종료가 아닌 일방적인 종료를 말한다. 사용자가 근로자에게 통보하는 일방적인 근로관계 해지에는 경영해고(사용자측 원인제공)와 일반해고(근로자측 원인제공)로 분류할 수 있다 (경영해고와 일반해고에 관한 자세한 내용은 하갑래, 「근로기준법」(서울 : 중앙경제, 2019), 891-893쪽 참조.)

101) 권창영, 전게서, 376쪽 ; 헌법재판소에서는 선원법의 이 규정의 입법취지와 동일한 근로기준법(구) 제32조 제1항(현행법은 제26조)의 해지예고와 해지 예고수당과 관련하여 해고 자체와 구분해서 판단하고 있으며 해고를 할 경우에는 그 정당성과는 별개로 일정한 유예기간을 두거나 예고수당을 지급하게 함으로써 해고될 근로자의 경제적 어려움을 완화시키기 위한 제도로 판단하고 있다. 따라서 예고기간 없이 30일분 이상의 통상임금을 지급할 경우에는 즉시 예고도 가능하다고 판단하고 있다(헌재 2001. 7. 19. 99헌마663 결정(전원재판부)).

102) 선원법상 선박소유자의 해지예고와 수반되는 통상임금의 지급은 강행규정으로서 이를 위반할 경우에는 2년 이하의 징역 또는 2천만 원 이하의 벌금에 처한다(선원법 제170조 제2호).

ⓑ 선원이 정당한 사유 없이 하선한 경우
ⓒ 선원이 선장으로부터 징계위원회의 의결을 거쳐서 하선 징계를 받은 경우

② 선원으로부터 해지 통보

근로기준법에서는 근로자에 대해서 별도의 근로계약해지를 제한하고 있지 않으므로 자유로운 근로계약해지권을 갖으며 선원도 동일하게 자유로운 해지권을 갖는다. 그러나 선원의 선박직원법의 승무기준과 선원법의 최소승무정원에 따라서 승무하므로 육상의 근로자와 같이 자유로운 해지권을 갖는다면 선박안전운항이 확보될 수 없으며 선박소유자에게도 경제적 피해가 발생할 수밖에 없다. 이 같은 이유로 인해서 선원법은 선원에게도 해지통보의 기한을 정하고 있다. 선원은 계약을 해지하려면 30일의 범위에서 단체협약, 취업규칙 또는 선원근로계약에서 정한 예고기간을 두고 선박소유자에게 알려야 한다(법 제33조 제2항).

③ 선원근로계약이 종료되지 않고 지속되는 경우

선박의 안전운항 차원에서 선원법은 ⓐ 선원근로계약이 선박의 항해 중에 종료할 경우에는 그 계약은 선박이 다음 항구에 입항하여 그 항구에서 부릴 화물을 모두 부리거나 내릴 여객이 다 내릴 때까지 존속하는 것으로 본다. 또한 선원의 안전을 확보할 목적으로 ⓑ선박소유자는 승선 · 하선 교대에 적당하지 아니한 항구에서 선원근로계약이 종료할 경우에는 30일을 넘지 아니하는 범위에서 승선 · 하선 교대에 적당한 항구에 도착하여 그 항구에서 부릴 화물을 모두 부리거나 내릴 여객이 다 내릴 때까지 선원근로계약을 존속시킬 수 있다(법 제35조).

④ 선원근로계약 종료의 특례

상속 등 포괄승계에 의한 경우를 제외하고 선박소유자가 변경된 경우에는 옛 선박소유자와 체결한 선원근로계약은 자동종료된다. 그리고 종료된 시점부터 새로운 선박소유자와 선원 간에 종전의 선원근로계약과 같은 조건의 새로운 선원근로계약이 체결된 것으로 본다. 또한 새로운 근로계약관계를 종료를 원하는 경우에 새로운 선박소유자나 선원은 72시간 이상의 예고기간을 두고 서면으로 알려서 선원근로계약

을 해지할 수 있다. 구(舊)선박소유자와는 근로관계가 종료되므로 선원에게 선원법에 따른 퇴직금 및 유급휴가 등을 지급해야 해야 하나 실업수당을 지급할 의무는 없다.103)

5) 실업수당

(1) 개요

선원의 귀책 사유가 아닌 다른 이유로 인해서 선원근로계약이 해지가 되었을 경우에 선원의 생계를 보장하기 위한 목적을 가지고 있다.

(2) 실업수당 지급 범위

선원법에서는 지급의 범위로 ⓐ 선박소유자가 선원에게 책임을 돌릴 사유가 없음에도 불구하고 선원근로계약을 해지한 경우, 즉 선원이 선원법, 단체협약, 취업규칙 또는 선원근로계약을 위반하여 해고되었을 경우에는 실업수당의 대상이 되지 않는다. ⓑ 선원근로계약에서 정한 근로조건이 사실과 달라 선원이 선원근로계약을 해지한 경우, 즉 선박소유자가 관련 법령 또는 선원근로계약의 근로조건을 위반하여 일방적으로 선원근로계약을 해지하였다 할지라도 선박소유자에게 귀책사유가 있으므로 실업수당을 지급해야 한다. ⓒ 선박의 침몰, 멸실 또는 그 밖의 부득이한 사유로 사업을 계속할 수 없어 선원근로계약을 해지한 경우, 예컨대 부득이하게 경영상의 문제로 회사사업을 정리하기 앞서서 선원근로계약을 해지할 경우에도 실업수당을 지급해야 한다.

6) 송환

(1) 개요

선원은 항시 선박과 이동하므로 선원근로계약 체결지와 종료지가 일치한다고 단정할 수 없다. 선원은 항시 이동을 전제로 한 선박에서 승무하는 직업이기 때문이다. 그러나 선박의 승선이나 또는 근로계약의 종료로 인해 체결지 또는 선원의 거주지로 이동

103) 선원과 신소유자의 법률관계에 관한 사례 연구는 권창영, 전게서, 416-417쪽 참조.

하는 데에는 교통비, 체류비 및 기타 이동과 관련한 비용이 발생한다. 선박의 승무로 인해서 발생할 수 있는 선원의 위치변경을 원상복구시키고 안전하게 거주지로 돌아갈 수 있는 권리를 보장하기 위한 제도로서 의의가 있다.

(2) 송환이 이루어져야 하는 경우

선원이 거주지 또는 선원근로계약의 체결지가 아닌 항구에서 하선하는 경우에는 선박소유자의 비용과 책임으로 선원의 거주지 또는 선원근로계약의 체결지 중 선원이 원하는 곳까지 지체없이 송환하여야 한다. 다만, 선원의 요청에 의하여 송환에 필요한 비용을 선원에게 지급할 경우에는 송환의 책임은 선박소유자에게 발생하지 않는다(법 제38조 제1항).

그러나 선원의 하선이 발생하는 모든 경우에 선박소유자의 송환책임이 발생하는 것은 아니다. ⓐ 선원이 정당한 사유 없이 임의로 하선한 경우, ⓑ 선원이 하선 징계의 결과로 하선한 경우 또는 ⓒ 단체협약, 취업규칙 또는 선원근로계약에서 송환에 든 비용을 선원에게 청구할 수 있다. 단, 이 경우에도 선원이 6개월 이상 승무했다면 송환비용 50% 이상을 청구할 수 없다(법 제38조 제2항).

(3) 송환비용 및 송환수당

선박소유자가 부담해야 하는 송환경비에는 송환비용과 송환수당이 있다. 송환비용은 교통비, 숙박비, 식비 및 그 외의 해양수산부령으로 정하는 비용을 말한다(법 제38조 제3항). 송환수당은 송환책임이 발생하지 않는 경우에는 지급에서 제외된다. 그 외의 송환되는 선원에게는 하선일부터 송환이 완료되는 일수에 따라 해당 선원의 통상임금에 상당하는 송환수당을 지급해야 한다.

(4) 유기구제보험 등의 가입 및 유지 의무

① 보험가입 의무

국제항해선박의 선박소유자는 유기된 선원을 구제하기 위하여 시행령에서 정하는 보험 또는 공제(이하 '유기구제보험등')에 가입하여야 한다. 유기구제보험등은 MLC

를 수용한 내용으로서 ⓐ 선원을 송환하지 않거나 이 법에서 규정한 송환비용을 선원에게 지급하지 않은 경우, ⓑ 선박소유자가 임금을 2개월 이상 지급하지 않거나 선원과의 연락을 두절하는 등 근로관계를 일방적으로 단절한 경우, 또는 ⓒ 이 법 또는 선원근로계약에 따라 선원에게 제공하여야 하는 식료품, 물, 생존을 위하여 필요한 연료 및 의료지원 등 선상생활에 필요한 재화나 서비스를 제공하지 않은 경우를 말한다(법 제42조의2).

위의 ⓐ, ⓑ 및 ⓒ를 보장하기 위한 유기구제보험등은 선원에게 송환비용, 송환수당 및 그 외의 선원에게 제공되어야 할 식료품, 물 및 연료 및 의료지원 등 선상생활에 필요한 재화나 서비스 제공하는 데 필요한 비용을 피호험자로 지정된 선원에게 제공해야 한다. 유기구제보험사업자는 선원 또는 선원이 지정한 대리인이 청구하는 경우에도 10일 내 비용을 지급해야만 한다(시행령 제5조의2 제2항).

② 해지 제한

선박소유자가의 일방적인 유기구제보험등의 계약해지를 통제하기 위한 목적으로 보험사업자등은 법률 또는 보험계약에 따라 유기구제보험등의 계약기간이 끝나기 전에 보험계약을 해지하려는 경우에는 해양수산부장관에게 해지예정일의 30일 전까지 해지된다는 사실을 통지하지 않고서는 유기구제보험등을 해지할 수 없다(법 제42조 제1항). 이 외에도 이 법에서 정하는 사항을 해양수산부장관에게 사안별로 기간을 준수해서 보고해야 할 의무가 있다. 그리고 유기구제보험사업자로부터 통보받은 정보와 관련된 선원에게 해양수산부장관은 알려야 할 의무가 있다(법 제42조 제3항).

(5) 국가의 송환 의무

선박소유자가 부담해야 하는 송환경비에는 송환비용과 송환수당이 있다. 해양수산부장관은 만약에 선박소유자가 송환비용을 지불하지 않아 송환되지 못하는 상황이 발생했을 경우에는 유기된 선원을 송환해야 할 의무가 있다. 해양수산부장관은 법적 책임을 이행하지 못한 선박소유자에게 송환 비용을 구상할 수 있다(법 제42조 제1항).

선원법의 적용을 받지 않는 외국 선박에 승선하는 외국인 선원이 우리나라 영역에 유기되어 본국으로 송환을 요청할 경우에도 대한민국 정부가 해당 선원을 송환할 수 있으며 송환비용은 유기가 발생한 외국 선박의 기국에게 구상할 수 있다(법 제42조 제2항).

결국, 어떠한 경우든 유기된 선원의 송환비용을 선원에게 부담시켜서는 안된다는 원칙에 따라 송환비용이 변제될 때까지 외국 선박의 출항정지를 명령하거나 출항을 정지시킬 수 있다(법 제42조 제3항 및 제4항).

7) 임금

(1) 개요

임금이란 선박소유자가 근로의 대가로 선원에게 임금, 봉급, 그 밖에 어떠한 명칭으로든 지급하는 모든 금전을 말한다(법 제2조 제10호). 근로의 대가성이 없이 선박소유자가 지급하는 복리후생 목적의 지원은 임금에 해당되지 않는다. 근로의 대가로 지급되는 임금 중 선원에게 정기적·일률적으로 일정한 근로 또는 총근로에 대하여 지급하기로 정하여진 시간급금액, 일급금액, 주급금액, 월급금액 또는 도급금액(都給金額)을 통상임금이라 한다(법 제2조 제11호).

임금은 통상임금 외 특수자격증 소지 또는 특수업무 및 시간외 근로의 대가로 별도의 임금이 추가되어 지급되는 경우가 일반적이다. 따라서 평균적으로 소정의 근로기간 동안 선박소유자로부터 지급되는 평균임금의 개념이 필요한 데 이를 승선평균임금이라고 한다. 승선평균임금은 산정해야 할 사유가 발생한 날 이전 승선기간(3개월을 초과하는 경우에는 최근 3개월로 한다)에 그 선원에게 지급된 임금 총액을 그 승선기간의 총일수로 나눈 금액을 말한다. 다만, 이 금액이 통상임금보다 적은 경우에는 통상임금을 승선평균임금으로 본다(법 제2조 제12호). 이 외에도 어선원에 경우에는 상선과의 선박운항목적이 다르고 수산업의 전통적인 임금체계를 고려해서 '월고정급' 및 '생산수당' 및 '비율급'이라는 정의가 별도로 존재한다.

(2) 임금 지급의 의무

① 임금 지급

선박소유자는 임금을 직접 통화로 전액을 매월 1회 이상 지정된 날짜에 지급해야 할 의무가 있지만 별도로 대통령으로 정하는 경우에는 예외로 한다(법 제52조 제1항 및 제2항). 선원이 가족부양 등의 목적으로 선원이 직접 청구하거나 그 밖의 취업규칙 또는 단체협약 등에 특별한 규정이 있는 경우에는 선원이 지정하는 사람에게 지급할 수도 있다(법 제52조 제3항). 또한 선원이 승무 중에 사용의 목적으로 임금을 청구하면 기항지에 통용되는 통화로 직접 지급해야 한다(법 제52조 제4항).

② 임금 대장 기록

선박소유자는 임금 대장을 갖추어 두고, 임금을 지급할 때마다 임금 계산의 기초가 되는 사항 등 대통령령으로 정하는 사항[104](선원의 성명, 임금 및 가족수당의 기초가 되는 사항, 근로일수 및 근로시간 수 등)을 기록해야 한다(법 제58조).

③ 최저임금

근로기준법에 따른 최저임금과 달리 선원법에 따라 해양수산부장관은 선원의 최저임금을 정할 수 있다(법 제59조).

(3) 예외 규정

선박소유자는 선원이 가족의 출산, 질병치료 및 재해 발생 등과 같이 비상 상황인 경우의 비용을 충당하기 위한 목적으로 임금을 청구한 경우에는 지급일자 전이라도 이미 제공한 근로에 대한 임금을 지급해야 한다. 또한 승무 중에 재해로 인한 부상 또는 질병으로 인해 해당 직무를 수행하지 못한 경우라 할지라도 승무하고 있는 기간에도 임금을 지급해야 할 의무가 있다. 다만, 선원노동위원회에서 선원의 고의성이 인정될 경우에는 지급의 의무가 면책된다(법 제54조).

104) 선원법 시행령 제20조 참조.

(4) 퇴직금 지급

선박소유자는 계속근로기간이 1년 이상인 선원이 퇴직하는 경우에는 계속근로기간 1년에 대하여 승선평균임금의 30일분에 상당하는 금액을 퇴직금으로 지급하는 제도를 마련하여야 한다. 다만, 이와 같은 퇴직금 지급 수준을 하회하지 않는 범위에서 선원노동위원회의 승인을 받아 단체협약이나 선원근로계약에 의하여 퇴직금제도와 유사한 제도도 인정된다(법 제55조 제1항). 계속근로기간이 1년 이상인 선원의 계속근로기간을 계산할 때 1년 미만의 기간 중 6개월 미만은 6개월로 보고, 6개월 이상은 1년으로 본다. 다만, 퇴직금중간정산을 목적으로 계속근로기간을 계산할 때 1년 미만의 기간은 제외한다(법 제55조 제3항).

선박소유자는 계속근로기간이 6개월 이상 1년 미만인 선원으로서 선원에게 책임이 없는 사유로 선원근로계약이 해지되는 선원에게 승선평균임금 20일분에 상당하는 금액을 퇴직금으로 지급하여야 한다(법 제55조 제5항).

(5) 임금채권보장보험 가입 의무

선박소유자(선박소유자 단체)는 선박소유자의 파산 등의 사유로 퇴직한 선원이 받지 못할 임금 및 퇴직금(이하 '체불임금')의 지급을 보장하기 위하여 대통령령으로 정하는 보험 또는 공제[105]에 가입하거나 기금을 조성하여야 한다.

선원법 시행령에서 정한 보험, 공제 또는 기금은 최종 임금의 4개월분과 퇴직금의 최종 4년분을 보장해야 하며 선박소유자를 대신하여 체불임금을 지급해야 한다(법 제56조).

선원의 임금채권은 선원법 제152조의2(임금체권 등의 우선변제)에 따라 선박소유자의 재산에 대한 질권, 저당권 또는 담보권에 우선하고 조세 및 공과금에 대해서는 그러하지 않다.

105) 선원법 시행령 제18조의3 참조.

8) 근로시간 및 승무정원

(1) 개요

선박은 항해하거나 또는 항만에서 작업을 진행하는 등 사실상 쉴 틈 없이 움직이거나 작동되는 공장과 같다. 또한 작업장과 휴식공간이 선내에 공존하다 보니 근로시간과 휴식시간이 명확하게 구분되지 않는 환경에 선원이 노출되어 있다. 이와 같은 이유로 인해서 근로자의 기본적인 근로시간을 보장받지 못하거나 강제노동현장으로 내몰리는 현상이 발생하기도 한다. 다른 업종의 근로자와 같이 강제노동을 금지하고 삶과 근로가 공존할 수 있도록 선박운항 특성을 고려한 선원의 근로시간 및 휴식시간을 정하고 있다.

(2) 적용 범위

근로시간 및 승무정원에 관한 규정(선원법 제6장)은 선원법의 적용되는 모든 선박에 적용되지 않다. 무역항의 예선을 제외한 다음의 선박에 대해서는 근로시간, 휴식시간 및 승무정원 등(제6장의 모든 규정)을 적용제외토록 하고 있다.

ⓐ 범선으로서 항해선이 아닌 것
ⓑ 어획물 운반선을 제외한 어선
ⓒ 총톤수 500톤 미만의 선박으로서 항해선이 아닌 것
ⓓ 선박안전법상의 평수구역을 항해구역으로 하는 선박

(3) 최대근로시간 및 최소휴식시간

① 최대근로시간

근로시간은 1일 8시간, 1주간 40시간으로 한다. 다만, 선박소유자와 선원 간 합의하여 1주간 16시간을 한도로 근로시간을 연장(이하 '시간외근로')할 수 있다. 이와는 별개로 선박소유자는 소정의 근로시간(40시간/주)에 추가해서 항해당직근무를 하는 선원에게 1주간에 16시간의 범위에서, 그 밖의 선원에게는 1주간에 4시간의 범위에서 시간외근로를 명할 수 있다(법 제60조 제1항 및 제2항).[106] 시간외 근로에 따른

106) ① 당직근무 선원의 최대근로 시간 : 76hrs{40hrs(소정근로시간) + 16hrs(당직근무) + 16hrs(합의초과근무) + 4hrs(초과근무)} 가능하나 MLC에서는 최대 근로 시간을 72hrs을 초과할 수 없다고 명시하고 있으므로 72hrs 내에서 최소 휴식시간의 기준을 충족하면서 이루어져야 한다.

수당지급 기준은 별도로 정하고 있다(본서의 '4 시간외 근로수당' 참조).

② 최소휴식시간

선박소유자는 근로시간 외에 선원에게 임의의 24시간에 10시간 이상의 휴식시간과 임의의 1주간에 77시간 이상의 휴식시간을 주어야 한다. 이 경우 임의의 24시간에 대한 10시간 이상의 휴식시간은 한 차례만 분할할 수 있으며, 분할된 휴식시간 중 하나는 최소 6시간 이상 연속되어야 하고 연속적인 휴식시간 사이의 간격은 14시간을 초과하여서는 안 된다(법 제60조 제3항).

③ 완화 조건

최대근로시간 및 최소휴식기간에도 불구하고 해양항만관청은 입출항 빈도, 선원의 업무특성 등을 고려하여 불가피하다고 인정할 경우에는 근로시간의 기준, 휴식시간의 분할과 부여 간격에 관한 기준을 달리 정하는 단체협약을 승인할 수 있다. 이 경우 해양항만청장은 해당 단체협약이 해양수산부령[107]으로 정하는 휴식시간 완화 기준에 적합한 것에 한해 승인해야 한다(법 제60조 제4항). 근로시간 및 휴식시간이 완화된 단체협약에는 유급휴가의 부여 간격이 빈번하거나 유급휴가일수가 더 긴 기간의 유급휴가를 부여하는 내용이 포함되어야 한다(법 제60조 제5항).

④ 비상상황이 발생한 상황에서의 예외 규정

선박소유자는 인명, 선박 또는 화물의 안전을 도모하거나, 해양오염 또는 해상보안을 확보하거나, 인명이나 다른 선박을 구조하기 위한 긴급한 상황 등 부득이한 사유가 있을 때에는 근로시간을 초과하여 선원에게 시간외근로를 명하거나 휴식시간에도 불구하고 필요한 작업을 하게 할 수 있다. 휴식시간에도 불구하고 비상상황으로 인해 필요한 작업을 한 선원 또는 휴식시간 중에 작업에 호출되어 정상적

② 주간 근무 선원의 최대근로 시간 : 60hrs{40hrs(소정근로시간) + 16hrs(합의초과근무) + 4hrs(초과근무)}이며 최소휴식시간의 기준을 충족하면서 이루어져야 한다.

107) 선원법 시행규칙 제39조의 5 참조.

인 휴식을 취하지 못한 선원에게 작업시간에 상응한 보상휴식을 주어야 한다(법 제60조 제6항 및 제7항).

⑤ 18세 미만 연소선원의 근로시간 및 휴식시간

18세 미만 선원의 근로시간은 1일 8시간, 1주간 40시간을 초과해서는 안 된다. 그 밖의 시간은 휴식시간에 해당되지만, 성년의 선원과 달리 1일 1시간 이상의 식사를 위한 휴식시간과 매 2시간 연속 근로 후에는 15분 이상의 휴식시간을 반드시 제공해야 한다(시행규칙 제39조의6).

(4) 실습선원의 실습시간 및 휴식시간

선원법은 실습선원을 선원으로 정의하고 있지 않으나 선박직원법에 따라 해기사 실습생이 양성되고 있으며 STCW협약에 따라 선박에서 일정기간 실습을 거쳐야만 해기사 면허를 취득할 수 있으므로 실습선원에게 선원법의 일부를 준용하도록 규정하고 있다. 그러나 실습선원에 대한 휴식시간 또는 실습시간을 별도로 규정하고 있지 않다 보니 실습선이 아닌 일반선박에서는 선원의 근로시간 중에 실습이 이루어지고 실습이라는 명목하에 과도한 노동에 노출되고 현장감독의 부주의로 인한 해기사 실습생의 안전사고가 지속해서 발생하여 왔다. 이러한 사고를 방지하고 해기사 실습생의 지위를 강화할 목적으로 2020년 선박직원법과 선원법을 동시에 개정하여 실습선원(해기사 실습생)의 보호조치를 강화하였다.

실습시간은 1일 8시간, 1주간 40시간 이내로 한다. 다만, 항해당직훈련을 목적으로 하는 경우에는 1주간에 16시간 이내에서 연장할 수 있다. 실습시간을 제외한 모든 시간을 휴식시간으로 주어야 한다. 이 경우 임의의 24시간 중 한 차례의 휴식시간은 8시간 이상 연속되어야 한다. 선박소유자는 실습선원에게 1주간에 최소 1일 이상의 휴일을 주어야 한다. 그 외에 비상상황에서는 휴식시간이라도 선원과 같이 선장의 명령에 인명구조 활동을 하거나 실습시간을 초과하거나 훈련을 명하게 할 수 있다(법 제61조의2). 실습선원의 실습시간을 초과한 훈련 또는 작업과 관련하여 선원의 보상휴식시간이 실습선원에게도 적용되는지에 대한 규정이 명문화되어 있지 않으나 비상배치표상에 실습선원의 직무가 있고 현장에 참여했다면 선원과 동등하게 보상휴식을 제공하는 것이 타당하다고 판단된다.

(5) 시간외 근로수당

소정의 근로시간을 초과해서 근로했거나 휴일에 근로한 선원에게는 시간외 근로수당으로 통상임금의 100분의 150에 상당하는 수당(시간외 근로수당)을 지급해야 한다. 선박소유자는 선원법의 규정에도 불구하고 단체협약, 취업규칙 또는 선원근로계약에서 정하는 바에 따라 선종, 선박의 크기, 항해 구역에 따른 근로의 정도·실적 등을 고려하여 일정액을 시간외 근로수당으로 지급하는 제도를 마련할 수 있다(법 제62조 제1항 및 제2항).

(6) 근로시간 및 휴식시간 등의 기록

선박소유자는 해양수산부령으로 정하는 바에 따라 선원의 1일 근로시간, 휴식시간 및 시간외근로를 기록할 서류를 선박에 갖추어 두고 선장에게 근로시간, 휴식시간, 시간외근로 및 그 수당의 지급에 관한 사항을 적도록 하여야 한다. 선원은 선박소유자 또는 선장에게 본인의 기록이 적혀 있는 서류의 사본을 요청할 수 있다(법 제62조 제3항 및 제4항).

(7) 승무 정원

선박소유자는 선박직원법 및 선원법에 따른 자격을 갖춘 선원을 승무시켜야 할 뿐만 아니라 안전운항에 필요한 최소한 정원(최소승무정원)을 해양항만관청으로부터 인정받아야 한다. 그리고 해양항만관청은 인정의 증표로서 승무정원 증서를 선박소유자에게 발급해야 한다. 이 증서상의 승무정원의 변동이 발생할 경우에도 해양항만관청의 인정을 다시 받아야 하며 결원이 발생할 경우에는 지체 없이 결원문제를 해소해야 하나 해양수산부장관의 허가를 받는 경우에는 허용된다(법 제65조).

9) 유급휴가

(1) 개요

근로기준법의 유급휴가의 취지와 동일하게 선원법상의 유급휴가 제도도 선원에게 장기간 승무로 인해 피로해진 심신을 회복하고 재생산을 위한 휴식기간이라고 할 수 있다. 근로기준법상의 유급휴가는 1년 이상 계속근로자에게 휴가를 부여하는 제도와는 달리 선원의 유급휴가는 1개월 이상 계속 승선한 자에게 부여되며 선박의 항해 구역에 따라서 선원에게 부여되는 유급휴가일수를 달리 정하고 있다.

(2) 적용 범위

다음에 해당하는 선박에 대해서는 유급휴가 규정을 적용하지 않는다.

ⓐ 어선(어획물 운반선과 제74조에 따른 어선은 제외한다)
ⓑ 범선으로서 항해선이 아닌 것
ⓒ 가족만 승무하여 운항하는 선박으로서 항해선이 아닌 것

(3) 유급휴가 제도

① 유급휴가 부여 시기

선원이 8개월 동안 계속하여 승무(수리 중이거나 계류 중인 선박에 승무하는 것을 포함)한 경우에는 4개월 이내에 선원에게 유급휴가를 주어야 한다. 다만, 선박이 항해 중에는 항해를 마칠 때까지 유급휴가를 연기할 수 있다. '계속하여 승무'란 동일한 선박을 의미하지만 유급휴가를 갖지 않고 동일한 선박소유자의 다른 선박으로 전선하기 위한 목적으로 여행하는 기간도 승무기간으로 인정하고 있다(법 제69조 제1항 및 제2항). 선원이 8개월 간 계속하여 승무하지 못한 경우에도 이미 승무한 기간에 대하여 유급휴가를 주어야 한다(법 제69조 제4항).

② 최저 유급휴가일

유급휴가는 계속하여 승무한 기간 1개월에 대하여 최소 6일로 한다. 그러나 선박안전법상 연해구역을 항해구역으로 하는 선박 또는 15일 이내의 기간마다 국내

항에 기항하는 선박에 승무하는 선원의 유급휴가 일수는 최소 5일로 한다(법 제70조).[108]

(4) 유급휴가급

유급휴가 중인 선원에게는 통상임금을 유급휴가급으로 지급해야 한다. 선박소유자는 유급휴가의 전부 또는 일부를 사용하지 아니하였을 때에는 사용하지 아니한 유급휴가 일수에 대하여 통상임금에 상당하는 금액을 임금(유급휴가급) 외에 따로 지급하여야 한다(법 제73조).

10) 선내 급식

(1) 선내 급식 공급 및 선박조리사

선박소유자는 승무 중인 선원을 위하여 해양수산부령[109]으로 정하는 바에 따라 적당한 양과 질의 식료품과 물을 선박에 공급하고, 조리와 급식에 필요한 설비를 갖추어 선내급식을 하여야 한다. 이 경우 승무 중인 선원의 다양한 문화와 종교적 배경을 고려하여야 한다. 선박소유자는 선내 급식을 위하여 대통령으로 정하는 자격을 갖춘 선박조리사를 승무시켜야 한다. 그러나 항해선이 아닌 선박, 승무정원이 10명 미만이거나 어선에는 이를 면제하거나 선박조리사를 갈음하여 선상 조리와 급식에 관한 지식과 경험을 가진 사람을 승무하게 할 수 있다(법 제76조 제1항 및 제2항).

(2) 선내 급식비

선박소유자는 선내 급식비를 선장에게 지급할 때에는 1인당 1일 기준액을 밝혀야 한다(법 제77조 제2항). 해양수산부장관이 선내 급식비의 최저 기준액을 정하는 경우에는 해양수산부에 설치되는 정책자문위원회의 자문을 거쳐야 한다(법 제77조의2).

108) 어선원에 대해서는 선원법 제74조(어선원의 유급휴가에 대한 특례) 참조.

109) 선원법 시행규칙 제47조 참조 ; 선박마다 선장과 조리책임자를 포함하여 5인 이상의 위원으로 구성하는 급식위원회를 두어 선원의 식생활을 관리하게 하여야 한다. 다만, 외국영토에 기항하지 아니하는 선박 또는 새우트롤 어선은 그러하지 아니하다.

11) 선내 안전 및 보건

(1) 국가의 책무

선원의 안전 및 보건을 확보하기 위해 국가가 수립해야 할 정책과 시행 등에 관한 사항을 규정하고 있다(제78조 제1항).

(2) 선내 안전 · 보건 및 사고예방 기준

해양수산부장관은 해양수산부 고시로 선내 안전 · 보건 및 사고예방 기준을 정해야 한다(법 제79조).

(3) 직무상 선내 사고 등의 조사

선박소유자는 선원의 직무상 사고 등이 발생하였을 때에는 즉시 해양항만관청에 보고하여야 한다. 선박소유자는 선내 작업의 위험 방지, 의약품의 비치와 선내위생의 유지 및 이에 관한 교육의 시행 등에 관하여 해양수산부령(선내 안전 · 보건 및 사고예방 기준)으로 정하는 사항을 준수해야 한다(법 제82조). 해양수산부장관은 선박소유자로부터 직무상 사고 등의 발생 사실을 보고받으면 그 사실과 원인을 조사하여야 하며(법 제81조 제1항) 「선원근로감독관 직무규칙」에 따라 조치한다.

(4) 선원의 건강진단서

선박소유자는 「의료법」에 따른 병원급 이상의 의료기관 또는 해양수산부령[110]으로 정하는 기준에 맞는 의원의 의사가 승무에 적당하다는 것을 증명한 건강진단서를 가진 사람만을 승무시켜야 한다(법 제87조).

12) 재해보상 및 선원복지

(1) 개요

110) 선원법 시행규칙 제52조의2 참조 ; 연근해어선에 승무하는 선원의 경우에는 의료법에 따른 의원급 이상의 의료기관, 그 밖의 선원의 경우 국민건강보험법 시행령 제25조제4항에 따른 건강검진기관(해당 건강검지간관 동등하다고 해양수산부장관이 지정 · 고시하는 의료기관을 포함한다).

노동법상 사용자에게 부과되는 산업재해보상은 사업장에서 발생한 산업재해의 피해자인 근로자의 치료와 함께 생활보장을 목적으로 한다.

우선 산업재해보상제도의 특징은 민법상의 손해배상제도와 달리 무과실책임원칙을 내세우고 있다.[111] 「산업재해보상보험법(이하 '산재보험법')」시행령 제2조에서는 선원법에 따라 재해보상이 되는 사업에 대해서는 이 법의 적용을 제외하고 있기 때문에 선원법에서는 별도의 재해보상제도를 두고 있다. 무엇보다도 산재보험법은 육상기반의 사업에는 적합하나 선원의 특수성이 반영되지 않았고 MLC 제4장에서도 재해보상 제도를 규정하고 있으므로 선원법을 통한 이행이 적절하다.

(2) 재해의 구분

① 직무상 재해

「근로기준법」과 「산재보험법」은 공통적으로 업무상 재해만을 대상으로 한다.[112] 그러나 선원은 승무기간 동안 선박에서 근무와 휴식을 취하고 휴식시간에도 필요에 따라 업무를 수행할 수밖에 없는 상황이 빈번하게 발생하므로 선원의 직업 특성을 반영하고 있지 않다.[113]

선원법은 업무상 재해라는 용어가 아닌 '직무상 재해'를 사용하고 있으며 그 밖의 선내에서 발생하는 재해를 '직무외 재해'로 구분하고 있다. 두 종류의 재해 모두 보상이 되지만 보상액과 기관 등이 구분된다.

직무상 재해는 육상 근로자와 관련한 수많은 판례를 통해서 정립된 원칙을 참조해서 판단해야 하지만 최근의 산재보험법 개정과 판례를 보면 업무상 재해의 범위를 넓게 해석하는 방향으로 변모하고 있다.[114]

111) 하갑래, 전게서, 613쪽 ; 권창영, 전게서, 649쪽.

112) 근로기준법 제78조 제1항 ; 산재보험법 제37조.

113) 산재보험법상의 업무상재해의 개념과 선원법상의 직무상 재해의 개념에 관한 대립이 존재하고 있다. 우선 두 개의 개념을 동일하게 보는 동일설과 상이하다고 보는

114) 구 산재보험법(1981. 12. 17 개정 이전)에서는 "업무상 재해란 업무수행 중 그 업무에 기인하여 발생한 재해를 말한다"고 규정하고 있었으나 개정 이후에는 "업무상 재해란 업무상의 사유에 따른 근로자의 부상 · 질병 · 장해 또는 사망을 말한다"라고 규정하고 있다.

따라서 선원법의 직무상 재해도 전통적인 판단의 요건인 '업무수행성'과 '업무기인성' 뿐만 아니라 현장에서 이루어지고 있는 선원의 근무특성, 정원과 직무 내용 및 과업 범위 등을 종합적으로 고려해서 판단하는 방향으로 발전해야 할 것이다.

② 직무외 재해

직무상 재해에 해당하지 않는 재해가 '직무외' 재해에 해당된다. 단, 선원이 고의로 재해를 발생시키거나 범죄행위 또는 이와 같은 행위가 원인이 되어 발생한 경우에는 재해에 해당하지 않는다.

(3) 재해보상 범위

① 요양보상

가) 직무상 재해

선박소유자는 선원이 직무상 부상을 당하거나 질병에 걸린 경우에는 그 부상이나 질병이 치유될 때까지 선박소유자의 비용으로 요양을 시키거나 요양에 필요한 비용을 지급하여야 한다(법 제94조 제1항). 요양의 범위는 진찰, 약제나 치료재료와 의지 및 그 밖의 보철구 지급, 수술 및 그 밖의 치료, 병원, 진료소 및 그 밖에 치료에 필요한 자택 외의 장소에 수용(식사제공 포함), 간병, 이송, 통원치료에 필요한 교통비 등을 포함한다(법 제95조).

나) 직무외 재해

선박소유자는 선원이 승무(기항지에서의 상륙기간, 승선·하선에 수반되는 여행기간을 포함) 중 직무 외의 원인에 의하여 부상이나 질병이 발생한 경우 요양에 필요한 3개월 범위의 비용을 지급하여야 한다(법 제94조 제2항). 요양보상을 지급할 경우 ⓐ 선원이 「국민건강보험법」에 따른 요양급여의 대상이 되는 부상을 당하거나 질병에 걸린 경우에는 같은 법 제44조에 따라 요양을 받는 선원의 본인 부담액에 해당하는 비용을 지급하여야 하고, 이 법에 따른 요양급여의 대상이 되지 아니하는 부상을 당하거나 질병에 걸린 경우에는 그 선원의 요양에 필요한 비용을 지급하여야 한다. ⓑ 국제항해에 종사하는 선박에 승무하는 선원이 부상이나 질병에 걸려서 승무 중 치료받는 경우에는 ⓐ의 규정에도 불구하고 그 선원의 요양에 필요한 비용을 지급하여야 한다(법 제94조 제2항 제1호 및 제2호).

② 상병보상

가) 직무상 재해

선박소유자는 직무상 재해에 따른 요양 중인 선원에게 4개월의 범위에서 그 부상이나 질병이 치유될 때까지 매월 1회 통상임금에 상당하는 금액의 상병보상(傷病補償)을 하여야 하며, 4개월이 지나도 치유되지 아니하는 경우에는 치유될 때까지 매월 1회 통상임금의 100분의 70에 상당하는 금액의 상병보상을 지급해야 한다(법 제96조 제1항).

나) 직무외 재해

선박소유자는 직무외 재해에 따라 요양 중인 선원에게 요양기간(3개월의 범위로 한정) 중 매월 1회 통상임금의 100분의 70에 상당하는 금액을 상병보상으로 지급해야 한다(법 제96조 제2항).

③ 장해보상

선원이 직무상 부상이나 질병이 치유된 후에도 신체에 장해가 남는 경우에는 선박소유자는 지체없이 산재보험법에서 정하는 장해등급에 따른 일수에 승선평균임금을 곱한 금액의 장해보상을 하여야 한다(법 제97조).

④ 일시보상

선박소유자는 요양보상(직무상 재해) 및 상병보상(직무상 재해)에 따라 보상을 받고 있는 선원이 2년이 지나도 그 부상이나 질병이 치유되지 아니하는 경우에는 산재보험법에 따른 제1급의 장해보상에 상당하는 금액을 선원에게 한꺼번에 지급함으로써 요양보상, 상병보상 또는 장해보상에 따른 보상책임을 면할 수 있다(법 제98조).

⑤ 유족보상

가) 직무상 재해

선박소유자는 선원이 직무상 사망(직무상 부상 또는 질병으로 인한 요양 중의 사망을 포함)하였을 때에는 지체 없이 대통령령[115]으로 정하는 유족에게 승선평균임금의 1,300일분에 상당하는 금액의 유족보상을 하여야 한다(법 제99조 제1항).

나) 직무외 재해

선박소유자는 선원이 승무 중 직무 외의 원인으로 사망(요양 중의 사망을 포함)하였을 때에는 지체없이 대통령령으로 정하는 유족에게 승선평균임금의 1,000일분에 상당하는 금액의 유족보상을 하여야 한다. 다만, 사망 원인이 선원의 고의에 의한 경우로서 선박소유자가 선원노동위원회의 인정을 받은 경우에는 그러하지 아니하다(법 제99조 제1항).

⑥ 장제비

선박소유자는 선원이 사망하였을 때에는 지체 없이 대통령령으로 정하는 유족에게 승선평균임금의 120일분에 상당하는 금액을 장제비로 지급하여야 한다(법 제100조 제1항).

⑦ 행방불명보상

선박소유자는 선원이 해상에서 행방불명된 경우에는 대통령령으로 정하는 피부양자에게 1개월분의 통상임금과 승선평균임금의 3개월분에 상당하는 금액의 행방불명보상을 하여야 한다. 행방불명 기간이 1개월 지난 후에는 유족보상에 관한 규정을 적용한다(법 제101조).

⑧ 소지품 유실보상

선박소유자는 선원이 승선하고 있는 동안 해양사고로 소지품을 잃어버린 경우에는

115) 선원법 시행령 제29조.

통상임금의 2개월분의 범위에서 그 잃어버린 소지품의 가액에 상당하는 금액을 보상하여야 한다(법 제102조).

⑨ 다른 급여와의 관계

선원법에 따라 요양비용, 보상 또는 장제비의 지급(이하 '재해보상')을 받을 권리가 있는 자가 그 재해보상을 받을 수 있는 같은 사유로 「민법」이나 그 밖의 법령에 따라 이 법에 따른 재해보상에 상당하는 급여를 받았을 때에는 선박소유자는 그 가액의 범위에서 이 법에 따른 재해보상의 책임을 면한다(법 제103조 제1항).

(4) 재해보상 심사 및 조정

선원의 직무상 부상·질병 또는 사망의 인정, 요양의 방법, 재해보상금액의 결정 및 그 밖에 재해보상에 관하여 이의가 있는 자는 해양항만관청에 심사나 조정을 청구할 수 있다(법 제104조 제1항). 심사 또는 조정의 청구를 받으면 1개월 이내에 실시해야 한다. 그러나 해양항만관청이 동 기간에 심사나 조정을 하지 아니하거나 심사나 조정의 결과에 이의가 있는 자는 선원노동위원회에 심사나 중재를 청구할 수 있다(법 제105조 제1항).

(5) 재해보상보험등의 가입

선박소유자는 해당 선박에 승무하는 모든 선원에 대하여 재해보상을 완전히 이행할 수 있도록 대통령령으로 정하는 보험 또는 공제(이하 '재해보상보험등')에 가입하여야 한다. 재해보상보험등에 가입하는 선박소유자는 선원이 재해보상보험등을 운영하는 사업자에게 보험금을 직접 청구할 수 있도록 선원을 피보험자로 지정하여야 한다(법 제106조 제1항 및 제3항). 선박소유자가 재해보상보험등의 일방적인 해지를 방지하기 위한 제도를(법 제106조의2) 규정하고 있다.

8.3.4 선원근로감독

1) 개요

선원법에서 정하고 있는 선박소유자 및 선원의 의무가 현장에서 적절하게 이행하기 위해서는 이를 감시하고 감독하기 위한 국가의 개입이 요구된다. 선원법은 해양수산부장관 또는 지방해양항만청장으로 하여금 선원근로감독관을 별도로 소속공무원 중 지정할 수 있는 권한을 부여하고 있다. 또한 MLC의 비준에 따라 동 협약에서 규정하고 있는 해사노동협약적합검사를 수용함으로써 국내법적 근로감독제도와 국제법적 제도를 규정하고 있다.

2) 선원 근로 기준 검사

해양수산부장관은 선원의 근로기준 및 생활기준이 이 법이나 관계 법령에서 정하는 기준에 맞는지를 확인하기 위하여 3년마다 선박과 그 밖의 사업장에 대하여 검사를 하여야 한다. 다만, 해양수산부장관은 해사노동적합증서를 선내에 비치해 둔 선박에 대하여는 검사를 면제할 수 있다(법 제123조 제1항). 어선법에 따라 정의되는 어선의 경우에는 시행령에 따라 검사 주기를 늘릴 수 있다(법 제123조).

3) 선원근로감독관의 권한

선원근로감독관은 선원의 근로기준 감독의 목적으로 관계인의 출석을 요구하거나 장부나 서류의 제출을 명령할 수 있으며 필요시 사업장에 출입하여 검사할 수 있는 권한을 가지고 있다(법 제126조 제1항 및 제2항).

선원근로감독관은 「사법경찰관리의 직무를 수행할 자와 그 직무범위에 관한 법률」에서 정하는 바에 따라 사법경찰관의 직무를 수행한다. 선원법, 근로기준법 및 그 밖의 선원근로관계 법령에 따른 서류의 제출, 심문이나 신문(訊問) 등 수사는 오로지 검사(檢事)와 선원근로감독관이 수행한다. 다만, 선원근로감독관의 직무에 관한 범죄의 수사에 대하여는 그러하지 아니하다(법 제127조).

8.3.5 MLC 국내 이행

1) 개요

MLC의 규정 중 해사노동적합증서의 발급과 관련한 검사(이하 '해사노동적합인증검사') 대상 선박과 근로감독적용 대상, 그 절차나 검사의 범위가 상이하다. 해사노동적합검사의 대상은 국제항해선박을 주 대상으로 하고 있으며 또한 외국항에서는 항만국 통제의 대상이 되므로 MLC의 강행규정의 적용이 일반적인 원칙이다. 여기서는 MLC에서 규정하고 있는 규정 외에도 국내법적 이행을 위한 해사노동인증검사관의 권한과 인증검사업무의 대행에 관해서 규정하고 있다.

2) 적용 대상

해사노동적합인증검사의 대상선박은 다음과 같다.

ⓐ 총톤수 500톤 이상의 국제항해에 종사하는 항해선,
ⓑ 총톤수 500톤 이상의 항해선으로서 다른 나라 관할 내의 항 사이를 항해하는 선박 또는
ⓒ 그 외 선박 중 선박소유자가 요청하는 선박

3) 해사노동적합인증검사

해사노동적합증서를 발급받고자 하는 선박소유자는 인증검사를 받아야 한다(법 137조 제1항). 인증검사는 다음과 같이 구분된다.

1) 최초인증검사 : 선원법과 MLC의 기준을 충족하는지를 확인하기 위해 최초로 실시하는 검사
2) 갱신인증검사 : MLC의 유효기간이 끝났을 때에 하는 검사
3) 중간인증검사 : 최초인증검사와 갱신인증검사 사이 또는 갱신인증검사와 갱신인증검사 사이에 해양수산부령이 정하는 시기에 하는 검사

해사노동적합인증검사의 기준은 대통령[116]으로 정하고 있으며 그 내용, 절차 및 검사 방법 등에 관한 세부적인 사항은 해양수산부령[117]으로 정하고 있다.

4) 해사노동적합증서의 발급

해사노동적합증서의 유효기간은 5년으로 하며 최초인증검사를 받기 전에 선박의 국적 변경 등 해양수산부령으로 정하는 사유로 선박을 항해에 사용하려는 경우에는 임시인증검사를 유효기간 6월 이내의 임시해사노동적합증서가 발급된다(법 제138조 제3항 및 제5항).

5) 해사노동적합인증검사의 대행

해양수산부장관은 필요하다고 인정하는 경우에는 해사노동적합인증검사 업무를 해양수산부장관이 지정하는 기관에서 대행하게 할 수 있다. 이 경우 해양수산부장관은 지정된 대행기관(이하 "인증검사 대행기관")과 대통령령령으로 정하는 바에 따라 협정을 체결하여야 한다(법 제140조).[118]

정리하기

★ 선원법이 선원에게 있어서 어떠한 의의가 있는지 논의하고 설명하기.

★ 선원법상 선원의 근로시간과 실습선원의 실습시간 간의 차이점을 비교하고 차이점을 논의하고 설명하기.

★ 선원법의 규정 중 실습선원에게 준용되는 기준으로는 어떠한 것들이 있는지를 알아보기.

★ 선원법과 해사노동협약(MLC) 간의 관계를 논의하고 설명하기.

★ 해사노동적합인증검사 사항(내용)을 조사하고 설명하기.

116) 선원법 시행령 제50조의2.

117) 선원법 시행규칙 제58조의3.

118) 한국선급(KR)이 인증검사 대행기관으로 지정되어 있다.

〈선원법, 선박직원법과 해기사 실습생〉

해기사 실습생의 지위는 국가마다 관행 그리고 국내법에 의해서 지위가 상이하다. 우리나라의 경우 선박직원법상의 해기사 실습생은 선원법상의 실습선원으로서 선원법의 적용대상은 아니다. 그러나 현실적으로 이들은 선내에서 선원들과 같이 생활하고 근무하면서 실습이 이루어져 왔기 때문에(도제식 교육) 사실상 선원의 근무시간과 동일하게 실습시간이 이루어졌고 이로 인해서 근로자가 아닌 해기사 실습생이 잉여 노동인력으로 인식되고 과도한 노동이 부과되는 등 안전상의 문제가 지속적으로 발생하였다. 이 같은 현장의 오랜 관행을 개선하고자 실습선원의 관리, 실습시간을 정하여 이들의 안전 및 학습권을 보장하기 위한 목적으로 선원법 제61조의 2가 신설되었다.

동 규정과 함께 선박직원법도 동시에 개정되어 해기사 실습생에 관한 실습이 명확하게(승선실습과 현장승선실습 정의 참조) 정의되었으며, 지정교육기관의 실습선에서 실시되지 않는 현장승선실습인 경우에는 해양수산부장관이 고시하는 「현장승선실습운영지침」에 따라 실습이 이루어져야 한다. 또한 현장승선실습을 지원하는 선사의 재정적 부담을 덜어주기 위한 방안으로서 정부가 예산을 지원할 수 있는 근거도 마련하였다(선박직원법 제21조 참조).

해기사 실습생은 국내법상(근로기준법 및 선원법 등을 말함) 근로자의 지위를 가질 수 없으므로 선원근로계약서를 체결할 수 없다. 주된 이유는 이들의 노동성보다 학습권을 보장하고 현장에서의 과도한 노동으로부터 보호가 우선되어야 하기 때문이다. 그러나 선원의 직무 수행 중에 현장실습이 이루어지고 실습은 선내 작업과 밀접한 관련이 있으므로 선박소유자는 해기사 실습생에게 관행적으로 실습수당을 지급하여 왔다. 그리고 이 수당은 임금에 해당될 수 없으므로 수당액은 선박소유자의 재량으로 정해지는 것 또한 관행이었다.

더불어 선원(주로 상급 선박직원)의 감독으로 이루어지는 현장실습이 해양수산부 고시인 「훈련기록부에 관한 규정」에 따라 이루어지는 데 한계가 있었고 이에 대한 관리감독의 책임 또한 불명확한 흠결도 있었다. 이 같은 문제를 해결할 목적으로 지정교육기관, 현장실습 선박의 선박소유자 및 해기사 실습생 간의 권리, 의무 등을 명확하게 하고 내실 있는 현장실습이 이루어질 수 있도록'현장승선실습협약서'를 체결하도록 개선되었다.

선박안전법

9

9.1 소개

해양은 인류의 역사를 보더라도 항상 모험의 대상이었으며 그러한 도전을 통해서 우리는 해양이 품고 있는 막대한 자원을 확보할 수 있었다. 그리고 그러한 도전에는 항상 선박이 있었으며 선박의 안전은 해상에서의 인명안전을 확보하기 위한 필요충분조건이라 할 수 있다. 산업혁명을 거쳐 과학기술이 발달하면서 선박은 대형화되고 기존에는 상상조차도 할 수 없었던 많은 물량과 인력을 수송하는 기능을 수행해 오고 있다. 선박은 국가의 영역을 넘나들며 항해하므로 안전에 관한 기준은 국제협약을 통해서 규제하는 방식이 효과적이고 효율적이라고 할 수 있다. 20세기 초 대형여객선 타이타닉호 사고를 계기로 SOLAS협약이 채택되어 보편적인 선박의 안전에 관한 협약으로서 이행되고 있다.

우리나라는 대한제국이 「선박검사법」을 공포하기도 했으나 시행되지 못하다 일제강점기에 들어서 조선총독부가 일본의 「선박검사법」에 포함하여 시행한 것이 현재까지 영향을 미치고 있다.[119)]

119) 선박안전법의 간략한 변천은 박용선, 「선박안전법」(서울 : 한국해사문제연구소 출판부, 2008), 28-31쪽 참조.

9.2 용어 정의 및 적용 범위

9.2.1 용어 정의

1) 선박

수상(水上) 또는 수중(水中)에서 항해용으로 사용하거나 사용될 수 있는 것(선외기를 장착한 것을 포함한다)과 이동식 시추선·수상호텔 등 해양수산부령이 정하는 부유식 해상구조물을 말한다.

2) 기관

원동기·동력전달장치·보일러·압력용기·보조기관 등의 설비 및 이들의 제어장치로 구성되는 것을 말한다.

3) 선외기(船外機)

선박의 선체 외부에 붙일 수 있는 추진기관으로서 선박의 선체로부터 간단한 조작에 의하여 쉽게 떼어낼 수 있는 것을 말한다.

4) 감항성

선박이 자체의 안정성을 확보하기 위하여 갖추어야 하는 능력으로서 일정한 기상이나 항해조건에서 안전하게 항해할 수 있는 성능을 말한다.[120]

120) 선박안전법에서 선박이 감항성을 확보하고 있다고 판단할 수 있는 기준이란 선박검사 결과에 따른 합격이라고 할 수 있다. 그러나 이는 검사 당시시점에만 유효한 것이 아니라 선박이 항해의 목적으로 사용되는 생애 전박에 걸쳐서 적용되며 감항성 유지의 최종적인 책임은 선박소유자에게 있다.

5) 만재흘수선(滿載吃水線)

선박이 안전하게 항해할 수 있는 적재한도(積載限度)의 흘수선으로서 여객이나 화물을 승선 또는 적재하고 안전하게 항해할 수 있는 최대한도를 나타내는 선을 말한다.

6) 복원성

수면에 평형상태로 떠 있는 선박이 파도·바람 등 외력에 의하여 기울어졌을 때 원래의 평형상태로 되돌아오려는 성질을 말한다.

7) 여객

탑재인원 중 다음 각목의 자를 제외한 탑재인원을 말한다.

ⓐ 선원
ⓑ 1세미만의 유아
ⓒ 세관공무원 등 등 일시적으로 승선한 자로서 해양수산부령이 정하는 자(이하 '임시승선자')

8) 여객선

13인 이상의 여객을 운송할 수 있는 선박을 말한다.

9.2.2 적용 범위

1) 대한민국 선박

선박안전법은 원칙적으로 대한민국 국민 또는 대한민국 정부가 소유하는 선박에 적용한다. 다음의 선박에는 적용하지 아니한다.

ⓐ 군함 및 경찰용 선박
ⓑ 노와 상앗대만으로 운전하는 선박
ⓒ 「어선법」제2조제1호에 따른 어선
ⓓ 그 밖의 선박으로서 대통령이 정하는 선박(예 : 계선, 수상레저기구 등)

2) 외국 선박

외국 선박으로서 다음 각호의 선박에 대하여는 대통령령이 정하는 바에 따라 이 법의 전부 또는 일부를 적용한다. 다만, 항만국 통제에 관한 규정은 모든 외국 선박에 대하여 적용한다.

ⓐ 「해운법」 제3조제1호 및 제2호의 규정에 따른 내항정기여객운송사업 또는 내항부정기여객운송사업에 사용되는 선박
ⓑ 「해운법」 제25조제1호의 규정에 따른 내항화물운송사업에 사용되는 선박
ⓒ 국적취득 조건부 선체용선을 한 선박(Bart Boat Charter of Hire Purchase)

3) 완화 규정

다음 선박에 대하여는 대통령령이 정하는 바에 따라 이 법의 전부 또는 일부를 적용하지 아니하거나 이를 완화하여 적용할 수 있다.

ⓐ 대한민국 정부와 외국 정부가 이 법의 적용범위에 관하여 협정을 체결한 경우의 해당 선박
ⓑ 조난자의 구조 등 해양수산부령이 정하는 긴급한 사정이 발생하는 경우의 해당 선박
ⓒ 새로운 특징 또는 형태의 선박을 개발할 목적으로 건조한 선박을 임시로 항해에 사용하고자 하는 경우의 해당 선박
ⓓ 외국에 선박매각 등을 위하여 예외적으로 한번의 국제항해를 하는 선박

9.2.3 국제협약과의 관계

국제항해에 취항하는 선박의 감항성 및 인명의 안전과 관련하여 국제적으로 발효된 국제협약의 안전기준과 이 법의 규정 내용이 다른 때에는 해당 국제협약의 효력을 우선한다. 다만, 이 법의 규정 내용이 국제협약의 안전기준 보다 강화된 기준을 포함하는 때에는 그러하지 아니하다.

9.3 주요 내용

9.3.1 선박검사

선박의 안전을 객관적으로 검사하고 이를 판단하는 선박검사로는 건조검사, 최초정기검사, 정기검사, 중간검사, 임시검사 및 임시항해검사 등이 있다. 검사의 취지와 목적에 따라 검사의 종류가 구분되며 검사 종류에 따라 검사항목도 상이하다. 선박검사 합격은 법에서 정하고 있는 최소한 감항성을 확보하고 있다는 것을 증명하지만 여전히 선박안전의 책임은 선박소유자에게 있으며 관련 법령에 따라 선박안전을 확보하기 위한 조치를 해야 한다.

1) 건조검사

(1) 대상

선박을 건조하고자 하는 자는 선박에 설치되는 선박시설에 대하여 해양수산부령[121]으로 정하는 바에 따라 해양수산부장관의 검사(이하 '건조검사')를 받아야 한다(법 제7조 제1항). 해양수산부장관은 외국에서 수입되는 선박이 건조검사를 받지 않은 선박에 대하여 건조검사에 준하는 검사로서 해양수산부령으로 정하는 검사(이하 '별도건조검사')를 받게 할 수 있다(법 제7조 제4항).

121) 선박안전법 시행규칙 제10조.

(2) 건조검사증서

해양수산부장관은 건조검사에 합격한 선박에 대하여 해양수산부령으로 정하는 사항과 검사기록을 기재한 건조검사증서를 교부하여야 한다(법 제7조 제2항). 건조검사에 합격한 선박시설에 대하여는 선박을 최초로 항해에 사용하는 때 실시하는 검사(최초정기검사)에서 해당시설이 합격한 것으로 본다(법 제7조 제3항).

2) 정기검사

(1) 대상

선박소유자는 선박을 최초로 항해에 사용하는 때 또는 선박검사증서의 유효기간이 만료된 때에는 선박시설과 만재흘수선에 대하여 해양수산부령으로 정하는 바에 따라 해양수산부장관의 검사(이하 '정기검사')를 받아야 한다(법 제8조 제1항).

(2) 선박검사증서 교부

정기검사에 합격한 선박에 대하여 항해구역·최대승선인원 및 만재흘수선의 위치를 각각 지정하여 해양수산부령으로 정하는 사항과 검사기록을 기재한 선박검사증서를 교부하여야 한다(법 제8조 제2항).

(3) 항행상의 조건

① 항해구역 지정(시행규칙 제15조)

항해구역은 아래와 같이 4종으로 나누어지고 넓은 구역은 좁은 구역을 포함한다.

ⓐ 원양구역 : 모든 수역

ⓑ 근해구역 : [그림 9-1]과 같이 동남아시아 전역을 포함한 수역

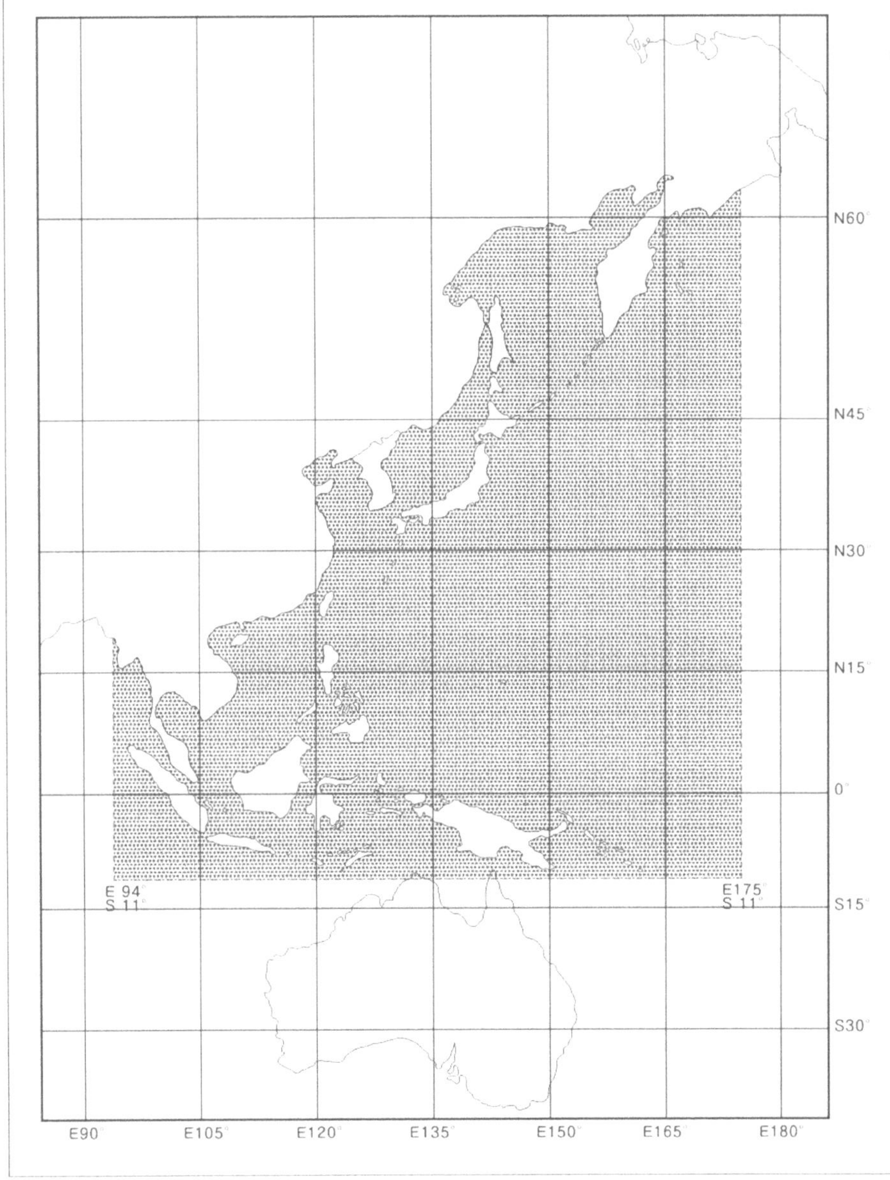
N60°
N45°
N30°
N15°
0°
S15°
S30°
E 94°
S 11°
E175°
S 11°
E90°
E105°
E120°
E135°
E150°
E165°
E180°

[그림 9-1] 근해 구역

ⓒ 연해구역 : 한반도와 제주도의 해안으로부터 20마일 이내의 수역과 일본의 연안을 포함한 수역

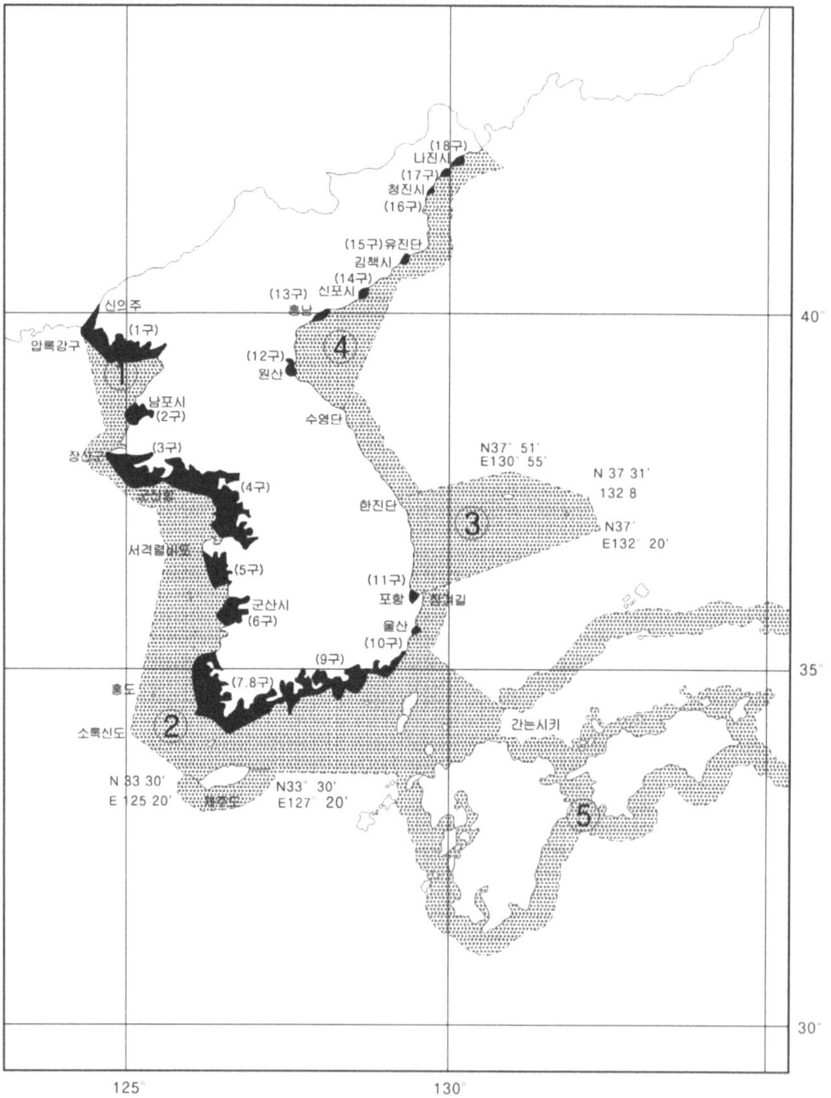

[그림 9-2] 연해 구역

ⓓ 평수구역 : 보통 호수·하천 및 항내의 수역과 해양수산부령이 정하는 수역으로서 제1구에서부터 제18구까지 있다.

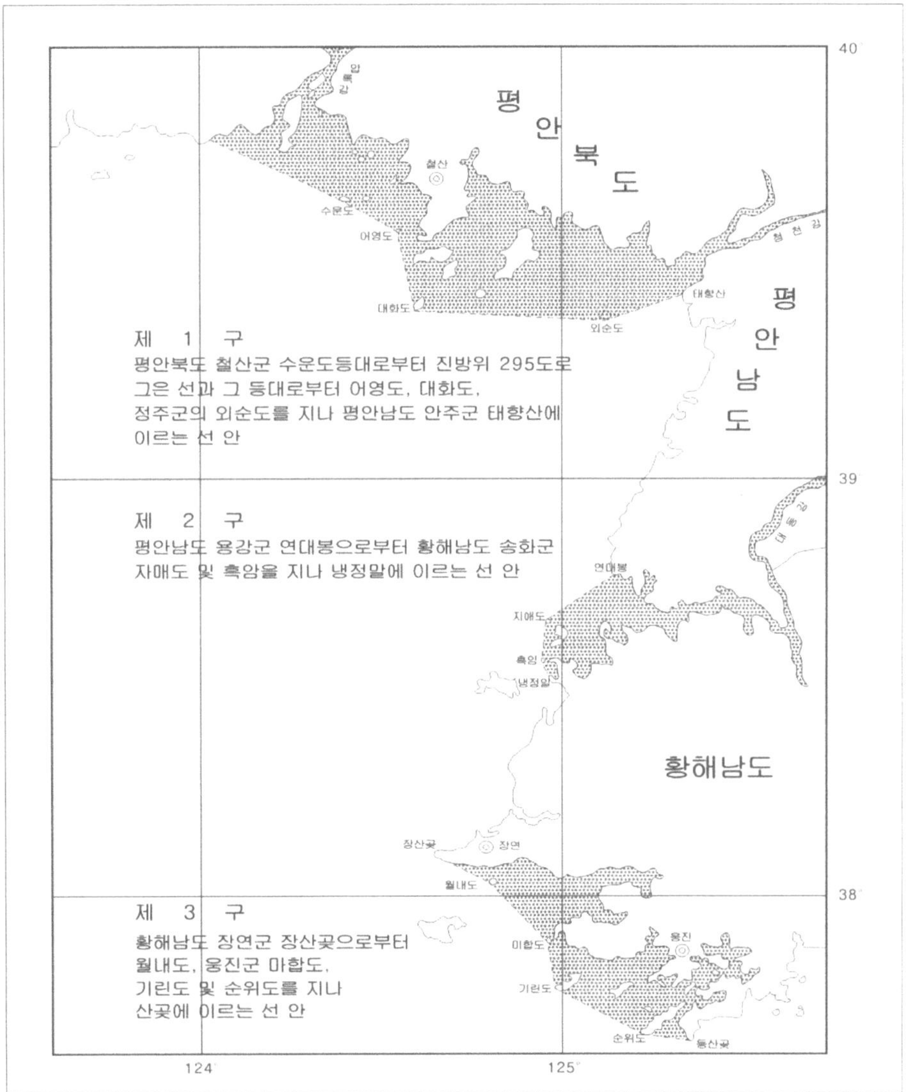

[그림 9-3] 평수 구역(1구-3구)

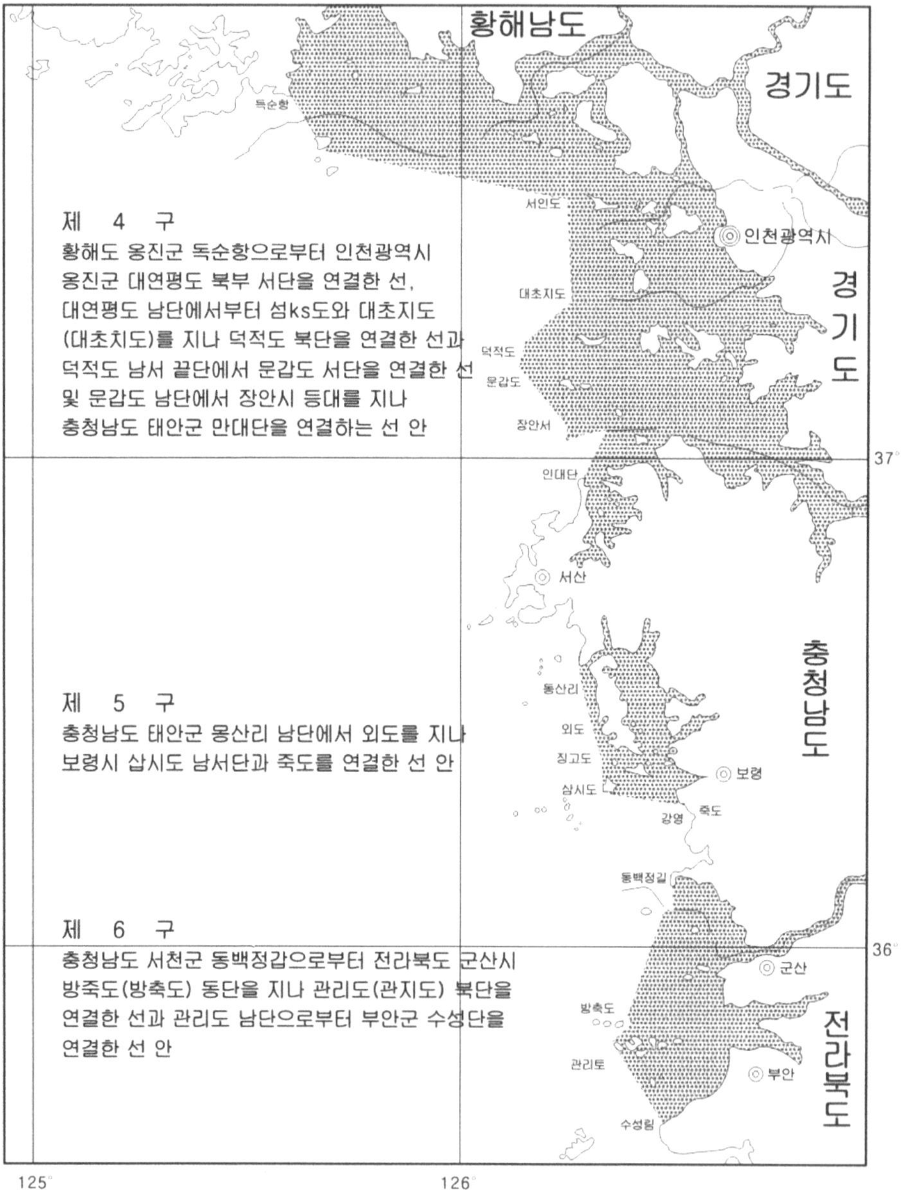

[그림 9-4] 평수 구역(4구-6구)

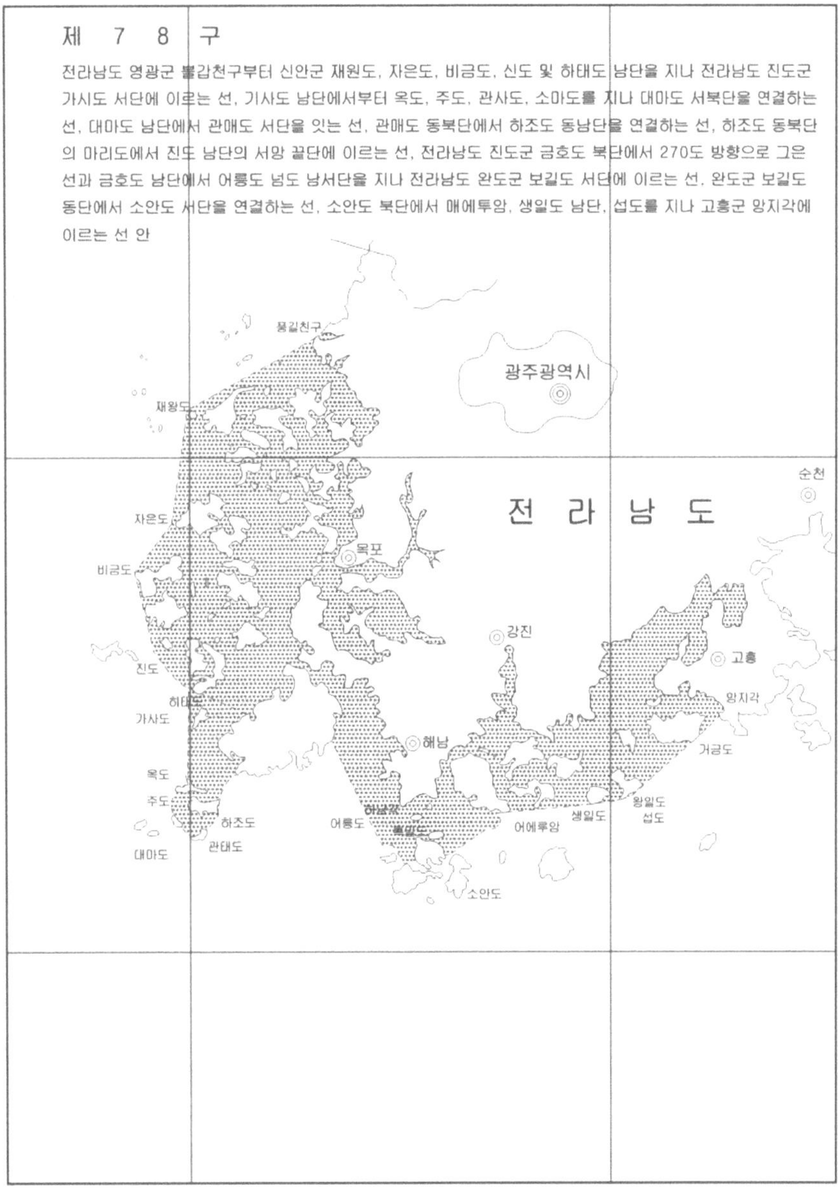

[그림 9-5] 평수 구역(7구-8구)

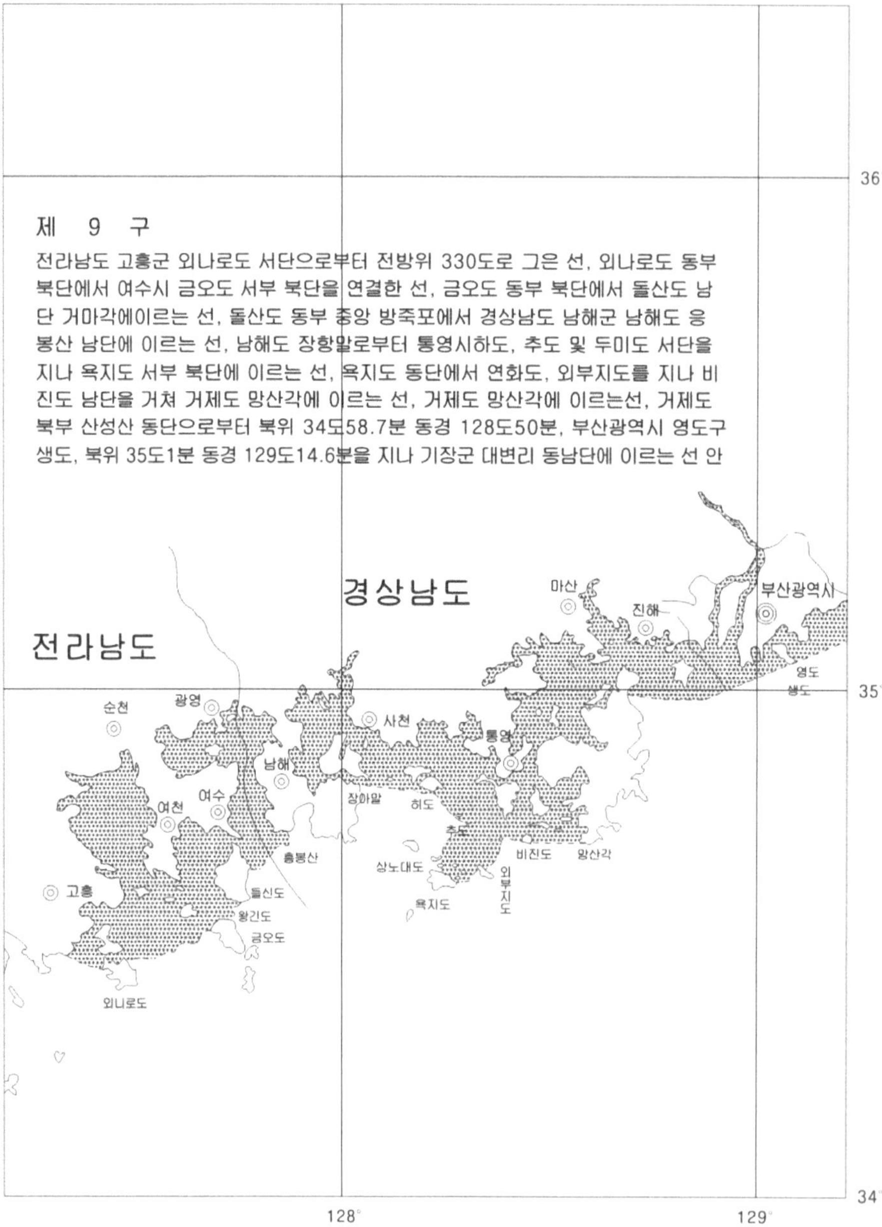
36°
제 9 구
전라남도 고흥군 외나로도 서단으로부터 전방위 330도로 그은 선, 외나로도 동부 북단에서 여수시 금오도 서부 북단을 연결한 선, 금오도 동부 북단에서 돌산도 남단 거마각에이르는 선, 돌산도 동부 중앙 방죽포에서 경상남도 남해군 남해도 응봉산 남단에 이르는 선, 남해도 장항말로부터 통영시하도, 추도 및 두미도 서단을 지나 욕지도 서부 북단에 이르는 선, 욕지도 동단에서 연화도, 외부지도를 지나 비진도 남단을 거쳐 거제도 망산각에 이르는 선, 거제도 망산각에 이르는선, 거제도 북부 산성산 동단으로부터 북위 34도58.7분 동경 128도50분, 부산광역시 영도구 생도, 북위 35도1분 동경 129도14.6분을 지나 기장군 대변리 동남단에 이르는 선 안
경상남도
전라남도
마산
진해
부산광역시
영도
생도
35°
순천
광영
사천
통영
남해
여천
여수
장하말
허도
추도
흥봉산
상노대도
비진도
망산각
고흥
돌신도
왕긴도
금오도
욕지도
외부지도
외나로도
34°
128°
129°

[그림 9-6] 평수 구역(9구)

[그림 9-7] 평수 구역(10구)

[그림 9-8] 평수 구역(11구)

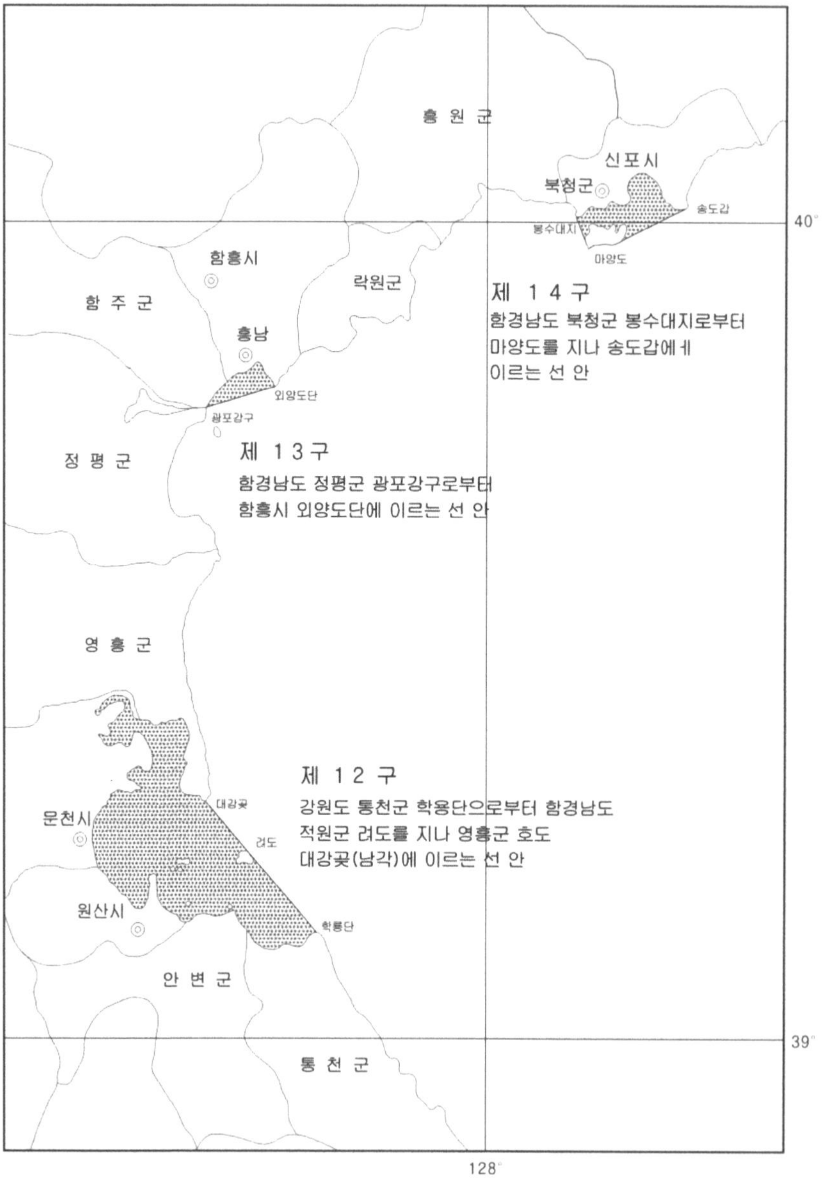

[그림 9-9] 평수 구역(12구-14구)

[그림 9-10] 평수 구역(15구-18구)

(2) 항해구역의 지정(시행규칙 제16조)

ⓐ 선박소유자의 요청, 선박의 구조 및 선박시설기준 등을 고려하여 항해구역을 지정하여야 한다. 다만, 어선에 대하여는 항해구역을 지정하지 아니한다.

ⓑ 외국의 동일 국가 내의 항구 사이 또는 외국의 호수·하천 및 항구 안에서만 항해하는 이 법의 항해구역에 준하여 평수구역·연해구역 또는 근해구역으로 정할 수 있다.

ⓒ 별도건조검사를 받은 선박에 대하여는 해당 선박의 크기·구조·용도 등을 고려하여 항해구역을 제한하여 지정할 수 있다.

(3) 항해구역 외의 항행 허가(시행규칙 제17조)

다음에 해당하는 경우에는 지정된 항해구역 외의 구역을 항해할 수 있도록 해양수산부장관이 허용할 수 있다.

ⓐ 외국에 선박 매각 등을 위해 예외적으로 한 번의 국제항해를 하는 경우

ⓑ 선박을 수리하거나 검사를 받기 위하여 수리할 장소 또는 검사를 받을 장소까지 항해하는 경우

ⓒ 항해구역 밖에 있는 선박을 그 해당 항해구역 안으로 항해시키는 경우

ⓓ 항해구역의 변경을 위하여 변경하려는 항해구역으로 선박을 항해시키는 경우

ⓔ 접적지역(대연평도, 소연평도, 대청도, 소청도 및 백령도 부근 해역)을 항해하는 선박으로서 해당 선박의 항해구역 중 일부가 군사목적상 항해금지구역으로 설정되어 있어 그 구역을 우회하기 위하여 일시적으로 항해구역 외의 구역을 항해하는 경우

ⓕ 그 밖에 비슷한 사유로서 선박이 임시로 항해할 필요가 있다고 인정되는 경우

(4) 만재흘수선 지정(시행규칙 제14조)

선박은 항행상의 위험을 방지하기 위하여 선박의 복원성 등 감항성을 확보하여야 하며 선박의 복원성의 기준 등은 해양수산부령으로 정한다.

(5) 최대승선인원 산정(시행규칙 제18조)

최대승선인원은 여객, 선원 및 임시승선자별로 다음의 기준에 따라 산정한다. 다만, 선박소유자가 요청하는 경우에는 산정된 인원수의 범위에서 최대승선인원의 수를 제한하여 지정할 수 있다.[122)]

① 승선인원에 산입 되지 아니하는 사람

ⓐ 선박 중에 선내 관람 등을 위하여 승선하는 사람, 하역·수리작업 등을 위한 작업원, 선원 교대자 등 해당 항에서만 승선하는 사람

ⓑ 선박의 운항과 관련한 업무를 하기 위하여 승선하는 도선사, 운항관리자, 세관공무원 및 검역공무원 등

ⓒ 1세 미만인 유아

② 여객실, 선원실, 그 밖의 최대승선인원을 산정하는 장소에 화물을 적재한 경우에는 그 화물이 차지하는 장소에 상응하는 인원수를 제외하고 산정

③ 국제항해에 종사하지 아니하는 선박의 경우 1세 이상 12세 미만인 사람 2명을 1명으로 산정

3) 중간검사

(1) 대상

선박소유자는 정기검사와 정기검사의 사이에 해양수산부령으로 정하는 바에 따라 해양수산부장관의 검사(이하 '중간검사')를 받아야 한다. 중간검사의 종류는 제1종과 제2종으로 구분하며, 그 시기와 검사 사항은 해양수산부령으로 정한다(법 제9조 제1항 및 제2항). 검사대상 선박이 부득이하게 중간검사를 받을 수 없을 경우에는 선박소유자가 연기신청을 할 수 있다(법 제9조 제4항).[123)]

122) 최대승선인원의 산정 기준은 선박안전법 시행규칙 별표 6 참조.

123) 선박안전법 시행규칙 제20조 참조.

(2) 합격 선박

해양수산부장관은 중간검사에 합격한 선박에 대하여 선박검사증서의 검사기록에 검사 결과를 기재하여야 한다.

[표 9-1] 중간검사 시기(선박안전법 시행규칙 제19조 제2항)

구 분	종 류	검 사 시 기
가. 여객선, 원자력선, 잠수선, 고속선, 수면비행선(여객용만 해당한다) 및 선령 30년 이상의 배의 길이 24미터 이상인 선박	제1종 중간검사	매년(총 4회) 검사기준일 전후의 3월 이내
나. 다음의 하나에 해당하는 선박 1) 평수구역만을 항해하는 선박길이가 24 m 미만인 선박 2) 준설토 운반부선 및 부유식 해상구조물	제1종 중간검사	정기검사 후 2번째 검사기준일 전 3개월부터 3번째 검사기준일 후 3월까지 1회 실시
다. 가목 및 나목에 해당하지 않는 선박	제1종 중간검사	정기검사 후 2번째 또는 3번째 검사기준일 전후의 3월 이내. 다만, 선저검사의 경우에는 지난번 선저검사일로부터 3년을 초과하여서는 안 된다(총 1회).
	제2종 중간검사	검사기준일 전후 3개월 이내(정기검사 또는 제1종 중간검사를 받아야 하는 연도의 검사기준일은 제외, 총 3회)

4) 임시검사

(1) 대상

선박소유자는 다음의 어느 하나에 해당하는 경우에는 해양수산부령이 정하는 바에 따라 임시검사를 받아야 한다(법 제10조 제1항).

ⓐ 선박시설에 대하여 해양수산부령이 정하는 개조 또는 수리를 하고자 하는 경우[124)]

ⓑ 선박검사증서에 기재된 내용을 변경하고자 하는 경우. 다만, 선박소유자의 성명과 주소, 선박명 및 선적항의 변경 등 선박시설의 변경이 수반되지 아니하는 경미한 사항의 변경인 경우에는 그러하지 아니하다.

ⓒ 선박의 용도를 변경하고자 하는 경우

ⓓ 선박의 무선설비를 새로이 설치하거나 이를 변경하고자 하는 경우

ⓔ 만재흘수선의 변경 등 해양수산부령이 정하는 경우

(2) 합격 선박

해양수산부장관은 임시검사에 합격한 선박에 대하여 선박검사증서의 검사기록에 검사결과를 표기하여야 한다(법 제10조 제2항). 해양수산부장관은 선박소유자가 선박검사증서에 기재된 내용을 일시적으로 변경하고자 하는 경우에는 해양수산부령이 정하는 임시변경증을 교부할 수 있다(법 제10조 제3항).

5) 임시항해검사

(1) 대상

(최초)정기검사를 받기 전에 임시로 선박을 항해에 사용하고자 하는 때 또는 국내의 조선소에서 건조된 외국 선박(국내의 조선소에서 건조된 후 외국에서 등록되었거나

124) 선박안전법 시행규칙 제21조 제2항

1. 선박의 선박길이, 너비, 깊이 또는 다음 각 목의 어느 하나에 해당하는 선체 주요부의 변경으로 선체의 강도, 수밀성 또는 방화성에 영향을 미치는 개조 또는 수리
   가. 상갑판 아래의 선체, 선루 또는 기관실위벽의 폭로부
   나. 갑판실(승선자가 거주하거나 항상 사용하는 것으로 한정한다)의 측벽 또는 정부갑판
   다. 선루갑판 아래의 폭로부 외판
   라. 격벽에 설치되어 폐위구역을 보호하는 폐쇄장치(목제창구덮개 또는 창구복포는 제외한다.)
2. 선박의 추진과 관계있는 기관 및 그 주요부의 교체·변경 등으로 기관의 성능에 영향을 미치는 개조 또는 수리
3. 타 또는 조타장치의 변경으로 선박의 조종성에 영향을 미치는 개조 또는 수리
4. 탱크, 펌프실 그 밖에 인화성 액체 또는 인화성 고압가스가 새거나 축적될 우려가 있는 곳에 설치되어 있는 전선로를 교체·변경하는 수리

외국에서 등록될 예정인 선박)의 시운전을 하고자 하는 경우에는 선박소유자 또는 선박의 건조자는 해당선박에 요구되는 항해능력이 있는지에 대하여 해양수산부령으로 정하는 바에 따라 해양수산부장관의 검사(이하 '임시항해검사')를 받아야 한다.

(2) 합격 선박

해양수산부장관은 임시항해검사에 합격한 선박에 대하여 해양수산부령으로 정하는 사항과 검사기록을 기재한 임시항해검사증서를 교부하여야 한다. 이 증서를 소지한 선박은 임시항해검사증서의 유효기간 동안 항해할 수 있다.

6) 국제협약검사

(1) 대상

국제항해하는 선박의 소유자는 선박의 감항성 및 인명안전과 관련하여 국제적으로 발효된 국제협약에 따른 해양수산부장관의 검사(이하 '국제협약검사')를 받아야 한다(법 제12조 제1항).

(2) 합격 선박

해양수산부장관은 국제협약검사에 합격한 선박에 대하여 해양수산부령으로 정하는 사항과 검사기록을 기재한 국제협약검사증서를 교부한다(법 제12조 제2항). 국제협약검사증서는 협약의 당사국이 국제협약의 의무를 이행했다는 당사국의 증표인 동시에 해당선박이 국제협약의 요건을 충족하고 있음을 대외적으로 확인시켜주는 법적 효력도 가진다. 협약증서의 효력기간은 일괄적으로 정하고 있지 않지만 일반적으로 5년 내의 효력을 가진다.[125)]

125) 국제협약검사의 종류, 서식, 신청 및 증서의 효력은 선박안전법 시행규칙 제23조, 제24조, 제25조, 제26조 및 제27조 참조.

7) 선박소유자의 의무

선박검사 신청 및 준비는 선박소유자의 의무에 해당한다. 건조검사 또는 최초정기검사 외의 선박검사에 선체와 각종 시설, 선박용물건을 모두 검사하는 것은 불가능하다. 따라서 선박검사의 목적과 검사 기간 등을 고려해서 검사별 준비 사항을 정하고 있으며 이 법에서 정하는 검사에 한해 실시한다.[126] 선박검사의 목적은 선박의 안전운항을 점검하기 위한 목적을 가지고 있으나 그 범위는 선박안전법의 범위로 국한되며 선박소유자는 이보다 더 넓고 엄격한 안전관리의 책임이 있다.

선박소유자의 불법적인 선박 개조를 금지하고 있으며(법 제15조 제1항) 선박의 감항성이 유지되도록 선박시설과 기기 등을 관리해야 할 의무가 있다(법 제15조 제2항).

9.3.2 형식승인, 지정사업장 및 예비검사

1) 형식승인 및 검정

(1) 개요

선박에 사용되는 선박용물건의 범위는 넓고 동일한 선박용물건이라 할지라도 그 형식 및 모델 또한 다양하다. 그러나 선체와 달리 제조업자 입장에서 선박용물건 또는 소형선박의 경우에는 구매자의 요구에 따라 달리 제작해서 생산하는 방법은 비효율적이고 구매자 입장에서 보더라도 건조가가 높기 때문에 경제적 부담이 발생한다. 선박검사를 담당하는 정부(또는 검사기관) 또한 매번 제작할 때마다 검사를 실시해야 하므로 비효율적이다. 따라서 선박안전법상의 형식승인이란 선박용물건의 규격, 기능 및 성능 등에 대한 최소한의 기준을 정하여 이를 만족하는 선박용물건 등에 대하여 형식승인함으로써 선박검사를 간소화한 제도이다. 동일한 공정과 품질관리 시스템에서 생산되는 모든 제품은 동일한 품질을 유지한다는 원칙에 따라 샘플검사를 실시한다.

126) 선박검자 종류별 준비사항은 선박안전법 시행규칙 제30조 참조.

(2) 형식승인 및 검정 절차

「선박용물건의 형식승인 시험 및 검정에 관한 기준」에서 정하고 있는 선박용물건 또는 소형선박에 대한 검정을 받고자 하는 제조업자 또는 수입업자는 사전에 형식승인을 받아야 한다(법 제18조 제1항). 형식승인을 득한 선박용물건 또는 소형선박은 검정을 통해서 건조검사 또는 최초정기검사를 받은 것으로 인정된다(법 제18조 제9항).

2) 지정사업장

(1) 개요

지정사업장 제도는 1982년에 형식승인제도와 함께 선박안전법에 도입되었다.[127] 선박용물건 또는 소형선박을 제조 또는 정비하는 사업장의 자체 품질관리시스템을 신뢰하고 검사로 인해서 발생할 수 있는 비생산적인 소모를 최소화함으로써 기업의 이익과 정부검사의 목적을 극대화하기 위한 제도라고 할 수 있다.

이 법에 따라 지정사업장으로 지정된 사업장에서 제조 또는 정비된 선박용물건 또는 소형선박이 자체검사기준을 합격했다면 건조검사 또는 최초정기검사를 합격한 것으로 본다. 그러나 「지정사업장의 설비 및 확인 대상 선박용물건 등에 관한 기준」에서 고시하는 대상에서 제외되었을 경우에는 해양수산부장관의 검사를 합격해야 선박의 설치가 가능하다(법 제20조 제3항).

(2) 지정사업장 지정 절차

이 법에 따라 지정사업장으로 지정받고자 하는 자는 그 시설 · 설비, 제조 · 정비의 기준, 자체검사기준 및 인력 등에 대하여 해양수산부령으로 정하는 기준에 따라 해양수산부장관의 승인을 얻어야 한다. 승인을 얻은 사항을 변경하고자 하는 때에도 이와 같다(법 제20조 제1항).

127) 도입 당시에는 우수사업장 제도였으나 현재의 명칭으로 변경되었으며 취지와 절차는 도입 당시의 제도와 비교해서 큰 변화가 없다.

3) 예비검사

모든 선박용물건과 소형선박이 형식승인의 대상은 아니다. 선박의 규모와 각종 설비는 선박소유자의 요구에 따라 제작하거나 새로운 형식의 제품을 생산하기도 한다. 이러한 선박용물건과 소형선박이 제반 규정에 따라 안전하게 제작되었는지를 검사하는 것을 예비검사라 한다. 예비검사의 대상은 전 제작과정이 검사의 대상이 되므로 도면의 승인부터 완성품 시운전 등의 검사가 포함되어 있다. 또한 예비검사 대상 선박용물건은 선박건조과정에서는 건조검사 그리고 최초정기검사의 대상이고 이로 인해서 중복되는 검사진행을 해소할 목적으로 예비검사에 합격한 선박용물건 또는 소형선박의 선체에 대하여는 건조검사 또는 선박검사 중 최초로 실시하는 검사는 이를 합격한 것으로 본다(법 제22조 제4항).

4) 컨테이너의 형식승인

현대 물류운송의 특징 중 하나로 규격화된 컨테이너를 통해서 화물을 효과적이고 효율적으로 운송하고 있다. 컨테이너는 선체의 일부는 아니지만 선박안전 운항에 미치는 영향이 크고(특히, 복원성) 이 법과의 연계성을 고려해서 형식승인 및 검정에 관한 기준을 선박안전법에서 정하고 있다(법 제23조 참조).

생각해 보기

총톤수 10,000톤의 일반화물선으로서 선령이 15년 되었다. 이 선박이 운항되기 위한 선행조건으로 선박검사증서를 발급받고 유지하기 위해서는 정기적으로 어떠한 선박검사를 받아야 하는지를 설명하시오.

9.3.3 선박안전항해를 위한 조치

1) 선장의 권한

관습적으로 선내에서 선장의 권한은 절대적이었으나 해상에서의 상업적인 활동이 기업화되고 현대화 되면서 선장의 권한은 축소되고 상대적으로 육상의 권한이 강화되었다. 이러한 권한의 이전은 해운산업의 기업화와 현대화와에 따른 경영방식의 변화로 인해서 발생할 수밖에 없었지만 선박안전에 악영향을 미치게 됨에 따라 해사안전에 관한 법률에서는 현장 감독의 강화와 함께 선박안전을 확보할 목적으로 선장의 권한을 명시하고 있다.[128] 선박안전법상의 선장의 권한 범위는 현장의 안전책임자로서의 권한을 보장하고 외부로 부터의 불합리한 개입으로 인한 선박안전위협을 방지하기 위한 목적을 가지고 있다(법 제31조).

2) 안전항해 조치

선박안전법은 선박의 안전운항을 조치로서 ⓐ 항해용 간행물의 비치(법 제33조), ⓑ 조타실의 시야확보 기준(법 제34조), ⓒ 하역설비의 확인 등(법 제34조 및 제35조), ⓓ 화물정보의 제공(법 제36조), ⓔ 유독가스농도 측정기의 제공 등(법 제37조), ⓕ 소독약품 사용에 따른 안전조치(법 제38조), ⓖ 화물의 적재 및 고박방법 등(법 제39조), ⓗ 산적화물의 운송 및 위험물의 운송(법 제40조 및 제41조), ⓘ 위험물 안전운송 교육(법 제41조의2) 등을 규정하고 있다.

특히, 기관사의 업무와 관련해서 「선박소방설비기준」에 따른 추가적인 시설을 갖추지 아니하고는 인화점이 섭치 60℃ 미만인 연료유·윤활유 등의 사용을 금지하고 있다(법 제44조).

128) 선장의 권한은 해사안전법 및 선원법에도 명시되어 있다. 개별법마다 법의 제정목적 및 적용범위를 고려하여 선장의 권한을 규정하고 있으므로 이를 고려해서 종합적으로 해석해야 한다.

9.3.4 검사업무의 대행 등

1) 개요

선박안전법은 선박의 안전 확보를 통해서 국민의 생명과 재산을 보호하고자 하는 목적을 가지고 있다. 이처럼 국민의 생명과 직결된 안전감독 업무는 국가의 책무로서 정부의 직접수행이 원칙이다. 그러나 정부소속 공무원이 전문성을 가지고 업무를 수행하기 위해서는 관련지식을 갖춘 공무원을 채용해야 하기 때문에 대상선박의 척수에 비례해서 많은 인력을 고용해야 하는 경제적 부담과 이러한 인력 관리의 문제가 발생할 수 있다.

더욱이 현장에서는 선박안전법과는 별개로 더욱 엄격한 선급규칙을 준용하여 선급법인이 선급검사를 실시하고 있었으므로 선박안전법에 따른 정부검사의 주체와 상이하여 발생할 수 있는 행정적인 낭비와 함께 국민의 부담이 가중될 수 있는 단점 등이 있다. 이러한 정부검사와 선급검사의 이원적인 체제를 고려해서 대부분의 국가는 정부의 업무를 선급법인과 같은 민간전문기관에게 위탁하여 수행하도록 하고 있는 데 선박안전법에서는 이들 기관을 대행기관으로 표기하고 있다.

2) 대행기관

(1) 한국해양교통안전공단

선박안전법상의 각종 검사의 대행기관으로는 한국해양교통안전공단(이하 '공단')이 있다.[129] 선박안전법은 대행범위를 명시하고 있으며 대행기관으로 지정받기 위해서는 해양수산부장관과 협정을 체결하도록 규정하고 있다(법 제60조 제1항).

(2) 선급법인

선박안전법상의 각종 검사와는 별개로 선체보험의 가입·유지를 위한 목적으로 선급검사가 선박소유자의 요청에 따라 임의로 이루어지고 있다. 선급법인은 자체적인 규칙을 마련하여 시행하고 있으며 이로 인해서 선박안전법의 기준보다 엄격하기 때문에

129) 한국어선협회를 전신으로 선박안전기술원, 선박검사기술협회 및 선박안전기술공단으로 기관명칭이 변경되었다가 2018년 12. 31일 한국해양교통안전공단법이 제정(법률 제16160호)되면서 공단으로 새로이 출범했다.

SOLAS협약에서는 이 협약의 규칙과 동등한 법적지위를 인정하고 있다. 선급에 입급되어 있는 선박에 한해서는 공단이 아닌 선급법인에게 정부검사를 대행시키면 선급검사와 정부검사를 신속하게 진행할 수 있으며 검사기관이 달라서 발생할 수 있는 여러 행정상의 문제도 해결할 수 있는 이점도 있다. 이러한 이유 등으로 인해서 선박안전법은 선급법인에게 선박검사권한을 위탁할 수 있는 규정을 두고 있다(법 제60조 제2항).

3) 대행 업무 협정 체결 및 감독

해양수산부장관은 이 법에 따라 검사를 대행기관에게 대행(위탁)시킬 경우에는 시행령[130]으로 정하는 바에 따라 협정을 체결해야 하며 그 협정서의 유효기간은 5년으로 한다(시행령 제10조 제2항). 해양수산부장관은 공단 및 선급법인이 검사 등 업무를 대행할 때 업무수행의 차질이 발생하거나 발생할 우려가 있다고 인정되면 해양수산부장관이 직접 이를 수행하거나 해양수산부장관이 지정하는 사람으로하여금 대행하게 할 수 있다(법 제61조).

해양수산부장관과 공단 및 선급법인이 체결한 협정을 위반한 때에는 언제든지 해당 업무의 대행을 취소하거나 정지할 수 있다(법 제62조 제1항).

9.3.5 특별검사

1) 개요

선박검사는 주기적인 검사며 필요에 따른 표적 검사를 통해서 선박소유자로 하여금 이 법에 따른 선박안전을 확보하도록 의무를 부과하는 동시에 삼자를 통한 안전점검의 목적을 가지고 있다. 그러나 이 같은 제도의 취지와 목적과 달리 해양사고가 빈번하게 발생할 경우, 정부가 직접 개입하여 현장 실태와 함께 선박안전의 검사를 수행하는 검사를 특별검사라 한다.

130) 선박안전법 시행령 제10조.

2) 절차 및 권한

해양수산부장관은 특별검사를 하고자 하는 경우에는 대상 선박의 범위, 선박소유자의 준비사항 등 필요한 사항을 30일전에 공고하고, 해당선박소유자에게 직접 통보하여야 한다(법 제71조 제2항). 해양수산부장관은 제1항의 규정에 따른 특별검사의 결과 선박의 안전확보를 위하여 필요하다고 인정되는 경우에는 선박의 소유자에 대하여 대통령령으로 정하는 바에 따라 항해정지명령 또는 시정·보완명령을 할 수 있다(법 제72조 제3항).

정리하기

★ 선원이 선내에서 실시하는 각종 설비 및 기기의 유지보수 업무가 적절하게 이루어지기 위해서는 시스템적으로 무엇이 필요할지 논의하고 발표하기.

★ 선박안전법상의 선박검사제도가 취지와 목적에(감항성 확보) 부합하는 문화로 정착되기 위해서 선원이 고려해야 할 사항은 무엇이 있을지 논의하고 발표하기.

★ '예비검사'와 '형식승인 및 검정'의 차이점을 분석하고 발표하기.

★ 임시검사와 임시항해검사와 차이점을 분석하고 발표하기.

★ 선박안전법에 따라 실시되어야 할 국제협약검사에 대해서 조사하고 발표하기.

〈선급의 기원〉

선박검사 제도가 법제화되기 이전에는 선급협회(classification Society)의 선급검사(classification)를 통해서 선박의 안전점검이 이루어졌다. 선급(classification)이란 선체, 선박의 설비 및 기기의 상태에 따라 구분된 선박의 등급(class)을 말한다. 따라서 지금의 선박검사 제도는 선급검사를 기원으로 발전해 왔다.

선급검사의 역사는 17세기 런던의 카페였던 로이드 커피하우스(Lloyd's Coffee House)로부터 시작되었다. 당시 이 카페는 해운업과 관련 종사자들이 모여서 사업을 논하였던 장소로 유명했다. 1696년부터 당시 카페의 주인이었던 Edward Lloyd는 고객들이 좋아할 만한 해운 관련 기사들을 모아서 법원이 발행 중지 명령을 내릴 때까지 신문과 같은 형태로 발행했다. 그리고 법원의 발행 중지 명령 이후에도 수기로 선박보험이 적용되는 선박의 상세 정보를 적은 '선박 목록(ships's list)'을 계속해서 고객에게 제공했다. Edward Lloyd의 사업계승자도 1726년에 신문의 형태로'로이드 리스트(Loyd's List)'가 발간할 때까지 정보를 제공했다.

1760년에 보험업협회는 런던에 최초의 선박등록기관인 'Register of Shipping'을 설립했으며 이 회사는 선명, 선주 및 선장 이름, 입항하는 항만, 톤, 선원 인원, 건조지 및 선령을 포함해서 선급(classification)을 나타내는 선박 및 기기의 상태를 기록했다. 대부분의 이러한 정보는 로이드 리스트를 참고하였다. 당시에는 선박의 등급을 확인할 목적으로 선박검사원이 존재했지만, 지금과 같이 조직화 된 선급협회는 존재하지 않았다. 현재의 모습과 같이 조직화 된 선급협회는 1828년 엔트워프(Antwerp)에 설립된 프랑스 선급협회 BV(Bureau Veritas)로서 선박안전에 관한 규칙을 자체적으로 개발하고 이를 선박검사에 적용하였다. 로이드와 BV는 당시 유럽 국가들 사이에서 선급협회로서의 역할을 수행했지만, 해운업의 발전과 함께 국가 간의 선대 선복량 경쟁으로 인해서 선급의 역할은 외국에 근거를 둔 선급협회가 아닌 국내 선급협회가 갖는 권리로 국가들은 인식하게 되었다. 그 결과, 국가별로 선급협회가 속속 설립되었으며 우리나라는 경제성장과 함께 한국선급협회(Korean Register of Shipping, 현재의 한국선급)를 1960년대에 설립하였다. 후발주자로 선급협회를 뒤늦게 설립했지만, 조선업과 해운업이 빠르게 성장하면서 짧은 역사에도 불구하고 1988년에 국제선급협회(IACS)의 정회원으로 가입되어 세계적인 선급으로 성장하였다.

해양환경관리법

10

10.1 소개

지구는 해양으로 이루어진 행성이라 할 만큼 지표면의 70%가 해양으로 이루어져 있다. 해양은 생명의 근원이자 인류에게는 무한한 자원의 보고라고 할 수 있을 만큼 지속적으로 관리하고 보존되어야 할 대상이다. 현대국제사회는 국가들 간의 무역을 통해서 경제성장하고 있으며 이 같은 무역은 선박을 통해서 이루어지다 보니 선박으로 인한 해양오염이 사고 또는 불법적인 투기로 인해서 발생하고 있다. 선박으로 인한 해양오염을 방지하기 위한 목적으로 다자협약이 서유럽에서 채택되었으며[131] IMO가 출범한 이후에는 MARPOL협약과 선박평형수로 인한 생태계 교란을 방지할 목적으로 선박평형수 및 침전물의 통제 및 관리를 위한 국제협약(International Convention for the Control and Management of Ships' Ballast Water and Sediments)[132] 등을 채택하여 해양환경보호에 노력하고 있다.

우리나라는 MARPOL협약에 가입하면서 국내 이행을 목적으로 해양오염방지법을 지난 1977년 12월 31일 제정하여 시행하였다. 그러나 21세기에 들어서면서 '방지'라는 소극적인 개념이 아닌 '보존'과 '관리'라는 적극적이고 사전예방적인 접근을 통한 해양환경보호의 필요성이 제기되면서 해양오염방지법이 가지고 있었던 미흡한 부분도 함께 개선하고자 해양환경관리법(2007. 1. 19 제정, 법률 제8260호)을 제정하여 시행하여 오고 있다. 이 법은 하위법령으로서 대통령령을 포함해서 해양환경관리법 시행규칙과 선박에서의 오염방지에 관한 규칙(이하 '선박오염방지규칙')이 있으며 선박에 적용되는 세부적인 기준은 「선박오염방지규칙」에서 규정하고 있다.

131) 세계최초의 선박기인 해양오염방지 다자협약인 해양에서의 유류오염 방지를 위한 국제협약(International Convention for the Prevention of Pollution of the Sea by Oil)은 1954년에 채택되었으며 이후 MARPOL협약에 수용되었다.

132) 선박평형수관리협약은 2004년에 채택되어 2017년 9월 8일 발효되었다.

10.2 용어 및 적용 범위

10.2.1 정의

1) 해양환경

「해양환경 보전 및 활용에 관한 법률」 제2조 제1호[133]에 따른 해양환경을 말한다.

2) 해양오염

「해양환경 보전 및 활용에 관한 법률」 제2조 제3호[134]에 따른 해양오염을 말한다.

3) 배출

오염물질 등을 유출(流出)·투기(投棄)하거나 오염물질 등이 누출(漏出)·용출(溶出)되는 것을 말한다. 다만, 해양오염의 감경·방지 또는 제거를 위한 학술목적의 조사·연구의 실시로 인한 유출·투기 또는 누출·용출을 제외한다.

4) 폐기물

해양에 배출되는 경우 그 상태로는 쓸 수 없게 되는 물질로서 해양환경에 해로운 결과를 미치거나 미칠 우려가 있는 물질(기름·유해액체물질 및 포장유해물질에 해당하는 물질을 제외)을 말한다.

---

133) 해양환경'이란 해양에 서식하는 생물체와 이를 둘러싸고 있는 해양수(海洋水), 해양지(海洋地), 해양대기(海洋大氣) 등 비생물적 환경 및 해양에서의 인간의 행동양식을 포함하는 것으로서 해양의 자연 및 생활상태를 말한다.

134) 해양오염이란 해양에 유입되거나 해양에서 발생되는 물질 또는 에너지로 인하여 해양환경에 해로운 결과를 미치거나 미칠 우려가 있는 상태를 말한다.

5) 기름

「석유 및 석유대체연료 사업법」에 따른 원유 및 석유제품(석유가스를 제외한다)과 이들을 함유하고 있는 액체상태의 유성혼합물(이하 "액상유성혼합물"이라 한다) 및 폐유를 말한다.

6) 선박평형수

「선박평형수관리법」 제2조 제2호에 따른 선박평형수[135]를 말한다.

7) 유해방오도료

생물체의 부착을 제한·방지하기 위하여 선박 또는 해양시설 등에 사용하는 도료(이하 '방오도료') 중 유기주석 성분 등 생물체의 파괴작용을 하는 성분이 포함된 것으로서 해양수산부령이 정하는 것을 말한다.

8) 잔류성오염물질

해양에 유입되어 생물체에 농축되는 경우 장기간 지속적으로 급성·만성의 독성(毒性) 또는 발암성(發癌性)을 야기하는 화학물질로서 해양수산부령으로 정하는 것을 말한다.

9) 오존층파괴물질

「오존층 보호를 위한 특정물질의 제조규제 등에 관한 법률」 제2조 제1호[136]에 해당하는 물질을 말한다.

135) "선박평형수(船舶平衡水)"란 선박의 중심을 잡기 위하여 선박에 실려 있는 물(그 물에 녹아 있는 물질 또는 그 물속에 서식하는 수중생물체·병원균을 포함한다)을 말한다.

136) 「오존층 보호를 위한 특정물질의 제조규제 등에 관한 법률」 제2조 제1호에서는 해당 종류를 이 법 시행령 제 제2조에 위임하고 있으며 시행령 제2조 제1항은 종류와 오존파괴지수를 시행령 별표1에서 규정하고 있다.

10) 대기오염물질

오존층파괴물질, 휘발성유기화합물과 「대기환경보전법」 제2조 제1호 가목에 해당하는 대기오염물질[137] 및 같은 조 제3호의 온실가스 중 이산화탄소를 말한다.

11) 배출규제해역

선박운항에 따른 대기오염 및 이로 인한 육상과 해상에 미치는 악영향을 방지하기 위하여 선박으로부터 해양수산부령으로 정하는 대기오염물질의 배출을 특별히 규제하는 조치가 필요한 해역으로서 해양수산부령이 정하는 해역을 말한다.

12) 휘발성유기화합물

탄화수소류 중 기름 및 유해액체물질로서 「대기환경보전법」 제2조 제10호에 해당하는 물질을 말한다.

13) 선박

수상(水上) 또는 수중(水中)에서 항해용으로 사용하거나 사용될 수 있는 것(선외기를 장착한 것을 포함한다) 및 해양수산부령이 정하는 고정식・부유식 시추선 및 플랫폼을 말한다.

14) 선저폐수

선박의 밑바닥에 고인 액상유성혼합물을 말한다.

15) 선박에너지효율

선박이 화물운송과 관련하여 사용한 에너지량을 이산화탄소 발생비율로 나타낸 것을 말한다.

---

137) 「대기환경보전법」 제2조 제1호 가목에 따라 이 법 시행규칙 별표1에서는 대기오염물질 총 64개를 정하고 있다.

16) 선박에너지효율설계지수(EEDI)

선박의 건조 또는 개조 단계에서 사전적으로 계산된 선박의 에너지효율을 나타내는 지표로, 선박이 1톤의 화물을 1해리 운송할 때 배출할 것으로 예상되는 이산화탄소량을 해양수산부장관이 정하여 고시하는 방법(법 제41조의2 제1항)에 따라 계산한 지표를 말한다.

17) 선박에너지효율지수(EEXI)

현존하는 선박의 운항단계에서 사전적으로 계산된 선박의 에너지효율을 나타내는 지표로, 선박이 1톤의 화물을 1해리 운송할 때 배출할 것으로 예상되는 이산화탄소량을 해양수산부장관이 정하여 고시하는 방법(법 제41조의5 제1항)에 따라 계산한 지표를 말한다.

18) 선박운항탄소집약도지수(CII)

사후적으로 계산된 선박의 연간 에너지효율을 나타내는 지표로, 선박이 1톤의 화물을 1해리 운송할 때 배출된 이산화탄소량을 해양수산부장관이 정하여 고시하는 방법(법 제41조의6제1항)에 따라 매년 계산한 지표를 말한다.

10.2.2 적용 범위

1) 선박

해양환경관리법은 적용되는 선박은 일반적으로 수상용으로 사용되는 선박을 포함해서 고정식·부유식 시추선 및 플랫폼으로서 폭넓게 정의하고 있다. 우선 이 법은 해양 중 우리나라의 관할권이 미치는 내수를 포함한 해역·수역·구역 및 선박·해양시설 등에서의 해양환경관리에 관하여 적용한다. 다만, 방사성물질과 관련한 해양환경관리 및 해양오염방지에 대해서는 「원자력법」이 정하는 바에 따른다.

ⓐ 「영해 및 접속수역법」에 따른 영해 및 대통령령[138]이 정하는 해역

ⓑ 「배타적 경제수역법」 제2조에 따른 배타적 경제수역

ⓒ 이 법 제15조에 따른 환경관리해역

ⓓ 「해저광물자원개발법」제3조에 따라 지정된 해저광구

관할 해역 밖에서 「선박법」 제2조에 따른 대한민국 선박에 의하여 행하여진 해양오염의 방지에 관하여는 이 법을 적용한다(법 제2호). 따라서 대한민국 선박이 공해상을 항해하는 중에도 해양환경관리법이 적용된다.

2) 외국 선박

대한민국 선박 외의 선박(이하 '외국 선박')이 우리나라 관할 해역·수역·구역 안에서 항해 또는 정박하고 있는 경우에는 이 법을 적용한다. 다만, 해양오염방지관리인(법 제32조), 선박에너지효율관리계획서의 비치(제41조의3 제2항 내지 제5항), 선박연료유 사용량 등 보고(법 제41조의 4), 해양오염방지검사(법 제49조부터 제54조), 에너지효율검사(법 제54조의2), 해양오염방지검사(법 제56조부터 제58조), 해양오염방지검사 등의 재검사(법 제60조), 업무의 대행(법 제112조) 및 업무대행의 취소(법 제113조)는 국제항해에 종사하는 외국 선박에 적용하지 않는다(법 제3조 제3항).

3) 다른 국내 법률과의 관계

(1) 연료유의 황함유량

연료유의 황함유량 기준(법 제44조) 및 연료유의 품질기준(법 제45조)에 관하여 이 법에서 규정하고 있는 경우를 제외하고는 「석유 및 석유대체연료 사업법」 및 「대기환경보전법」이 정하는 바에 따른다(법 제3조 제4항).

138) 해양환경관리법 시행령 제4조는 내수 및 해양법에 관한 국제연합협약(UNCLOS)에 따라 대한민국이 해양환경의 보존에 관한 관할권을 갖는 해역으로 규정하고 있다.

(2) 오염물질 처리

이 법에서 규정하고 있는 경우를 제외하고는 「폐기물관리법」·「물환경보전법」, 「하수도법」 및 「가축분뇨의 관리 및 이용에 관한 법률」에서 정하는 바에 따른다(법 제3조 제5항).

(3) 대기오염물질 배출허용 기준

선박의 디젤기관으로부터 발생하는 질소산화물 등 대기오염물질의 배출허용기준에 관하여 이 법에서 규정하고 있는 경우를 제외하고는 「대기환경보전법」이 정하는 바에 따른다(법 제3조 제6항).

4) 국제협약과의 관계

해양환경 및 해양오염과 관련하여 국제적으로 발효된 국제협약에서 정하는 기준과 이 법에서 규정하는 내용이 다른 때에는 국제협약의 효력을 우선한다. 다만, 이 법의 규정이 국제협약의 기준보다 강화된 기준을 포함하는 때에는 그러하지 않다(법 제4조).

10.3 주요 내용

10.3.1 선박으로부터의 해양오염방지를 위한 규제

누구든지 선박으로부터 오염물질을 해양에 배출이 금지된다. 그러나 이 법에 따라 배출할 경우에는 허용된다(법 제22조).

1) 기름

(1) 기관구역 선저폐수의 배출요건

선박으로부터의 기름(유조선의 경우에는 기관구역의 선저폐수를 말한다)을 배출하는 경우에는 다음의 요건에 적합하여야 한다(선박오염방지규칙 제9조).

ⓐ 선박(시추선 및 플랫폼 제외)이 항행 중에 배출할 것.

ⓑ 배출액 중의 유분이 15 ppm 이하일 것. 다만 해저광물자원 개발법에 따른 해정광물의 탐사 · 채취 과정에서 발생한 물의 경우에는 40 ppm 이하여야 한다.

ⓐ 기름오염방지설비가 작동 중에 배출할 것. 다만, 시추선 및 플랫폼에서 스킴 파일[skim pile, 분리된 기름을 수집하는 내부 칸막이(baffle plate)를 가진 바닥이 개방된 수직의 파이프]의 설치를 통하여 기름을 배출하는 경우는 제외한다.

(2) 기관구역에 설치하는 기름오염방지설비

[표 10-1] 기름오염방지설비 기준(선박오염방지규칙 별표7-비고 생략)

<table>
<tr><th>대상선박</th><th>기름오염방지설비</th></tr>
<tr><td>가. 총톤수 50톤 이상 400톤 미만의 유조선</td><td rowspan="2">1) 선저폐수저장탱크 또는 기름여과장치
2) 배출관장치</td></tr>
<tr><td>나. 총톤수 100톤 이상 400톤 미만으로서 유조선이 아닌 선박</td></tr>
<tr><td>다. 총톤수 400톤 이상 1만톤 미만의 선박(마목의 선박 제외)</td><td>1) 기름여과장치
2) 유성찌꺼기탱크
3) 배출관장치</td></tr>
<tr><td>라. 총톤수 1만톤 이상의 모든 선박(마목의 선박 제외)</td><td>1) 기름여과장치
2) 선저폐수농도경보장치
3) 유성찌꺼기탱크
4) 배출관장치</td></tr>
<tr><td>마. 총톤수 400톤 이상으로서 국제특별해역 안에서만 운항하는 선박</td><td>1) 기름여과장치
2) 선저폐수농도경보장치
3) 유성찌꺼기탱크
4) 배출관장치</td></tr>
</table>

(3) 기름기록부 작성

① 대상 선박

선장(피예인선의 경우에는 선박의 소유자)은 선박에서 사용하는 기름의 사용량·처리량을 기록하는 장부를 기록하고 비치해야 하며 보관기간은 3년이다(법 제30조 제1항). 그러나 다음에 해당하는 선박은 제외된다(해양오염방지규칙 제23조).

ⓐ 총톤수 100톤(군함과 경찰용 선박의 경우에는 경하배수톤수 200톤)미만의 선박
ⓑ 선저폐수가 생기지 아니하는 선박

② 기름기록부의 기록 내용(선박오염방지규칙 제24조 제2항)

ⓐ 연료유탱크에의 평형수의 적재 또는 연료유탱크의 세정
ⓑ 연료유탱크로부터의 평형수 또는 세정수의 배출
ⓒ 기관구역의 슬러지 및 유성잔류물의 처리
ⓓ 선저폐수의 처리
ⓔ 선저폐수용 기름배출감시제어장치의 상태
ⓕ 사고 기타의 사유로 인한 예외적인 기름의 배출
ⓖ 연료유 및 윤활유의 선박안에서의 수급

(4) 선박해양오염비상계획서의 관리

다음의 선박(피예인선은 제외)의 소유자는 기름 또는 유해액체물질이 해양에 배출되는 경우에 취하여야 하는 조치사항에 대한 내용을 포함하는 기름 및 유해액체물질의 해양오염비상계획서(이하 '선박해양오염비상계획서')를 작성하여 해양경찰청장의 검인을 받은 후 이를 그 선박에 비치하여야 한다(법 제31조).

① 기름의 해양오염비상계획서 적용 선박(선박오염방지규칙 제25조 제1항 제1호)

ⓐ 총톤수 150톤 이상의 유조선
ⓑ 총톤수 400톤 이상의 유조선 외의 선박(군함, 경찰용 선박 및 국내항해에만 사용하는 부선은 제외한다)
ⓒ 시추선 및 플랫폼

② 유해액체물질의 해양오염비상계획서 적용 선박

총톤수 150톤 이상의 유해액체물질을 산적하여 운송하는 선박(선박오염방지규칙 제25조 제1항 제2호)

③ 선박해양오염비상계획서의 내용(선박오염방지규칙 제25조 제2항)

ⓐ 선박의 방제조직에 관한 사항
ⓑ 유출사고 발생 시 선박의 선장이 취하여야 할 보고의 절차에 관한 사항
ⓒ 유출을 줄이기 위하여 선박의 선원이 취하여야 할 방제조치에 관한 사항
ⓓ 선박의 주요 제원과 선체구조도면 및 주요 배관장치의 배치도면
ⓔ 선박의 선원에 대한 방제 교육·훈련에 관한 사항
ⓕ 유출사고 발생 시 그 사실을 통보할 연안 당사국의 기관명칭 및 방제에 필요한 사항
ⓖ 기름유출사고 발생 시 육상에서 제공하는 전산화된 손상복원성 및 잔존강도에 대한 계산 프로그램을 이용할 수 있는 방법에 관한 사항(재화중량톤수 5천톤 이상의 유조선에 한함)

(5) 선박평형수 및 기름의 적재 제한

분리평형수탱크가 설치된 유조선, 1979년 12월 31일 이후에 인도된 총톤수 150톤 이상의 유조선과 총톤수 4천톤 이상의 선박의 연료유탱크에는 선박평형수를 적재하여서는 아니 된다. 다만, 새로이 건조한 선박을 시운전하거나 선박의 안전을 확보하기 위하여 필요한 경우로서 해양수산부령[139]이 정하는 경우에는 제외된다(법 제28조 제1항).

해양수산부령[140]이 정하는 선박은 그 선박의 선수(船首)탱크 및 충돌격벽(衝突隔壁)보다 앞쪽에 설치된 탱크에는 기름을 적재하여서는 아니 된다(법 제28조 제2항).

139) 선박오염방지규칙 제20조.

140) 선박오염방지규칙 제21조.

2) 폐기물

(1) 분뇨

① 분뇨오염방지설비 설치 대상 선박

아래 어느 하나에 해당하는 선박의 소유자는(법 제25조 제1항) 그 선박 안에서 발생하는 분뇨를 저장·처리하기 위한 설비(이하 '분뇨오염방지설비')를 설치하여야 한다. 다만, 「선박안전법 시행규칙」 제4조 제11호 및 「어선법」 제3조 제9호에 따른 위생설비 중 대변용 설비를 설치하지 아니한 선박의 소유자와 대변소를 설치하지 아니한 「수상레저안전법」 따라 등록된 수상레저기구(이하 '수상레저기구')의 소유자에게는 적용하지 않는다(선박오염방지규칙 제14조 제1항).

ⓐ 총톤수 400톤 이상의 선박(선박검사증서 상 최대승선인원이 16인 미만인 부선은 제외)

ⓑ 선박검사증서 또는 어선검사증서 상 최대승선인원이 16명 이상인 선박

ⓒ 수상레저기구 안전검사증에 따른 승선정원이 16명 이상인 선박

ⓓ 소속 부대의 장 또는 경찰관서·해양경찰관서의 장이 정한 승선인원이 16명 이상인 군함과 경찰용 선박

② 분뇨오염방지설비 종류

다음의 설비 중 하나를 설치해야 한다(선박오염방지규칙 제14조 제2항 제1호).

ⓐ 지방해양수산청장이 형식승인한 분뇨처리장치

ⓑ 지방해양수산청장이 형식승인한 분뇨마쇄소독장치

ⓒ 분뇨저장탱크

추가해서 수용시설로 배출할 수 있도록 외부배출관을 설치해야 한다. 다만 다음의 어느 하나에 해당하는 선박으로서 외부배출관을 사용하지 아니하고 분뇨를 수용시설로 배출할 수 있는 경우에는 외부배출관을 설치하지 아니할 수 있다(선박오염방지규칙 제14조 제2항 제2호).

1) 시추선 및 플랫폼

2) 「선박법 시행규칙」 제11조 제1항 제9호에 따른 선박의 길이(어선의 경우에는

「어선법 시행규칙」 제2조 제1호에 따른 배의 길이를 말한다. 이하 같다)가 24 미터 미만인 선박

3) 수상레저기구[141)]

③ 배출률 기준

선박의 항해 및 정박 중 발생하는 폐기물 중 분뇨저장탱크를 설치한 선박에서 발생하는 마쇄하지 않았거나 소독하지 않은 분뇨를 해양수산부령으로 정하는 해역(〈표 10-1〉 참조)에 배출하려는 선박의 소유자(선박을 임대하는 경우에는 선박임차인을 말함)는 해양수산부장관의 승인을 받은 배출률[선박의 흘수(吃水) 및 속력에 따른 시간당 폐기물 배출량을 말함]을 준수하여 폐기물을 배출하여야 한다(법 제22조의2 제1항).

배출률 승인 신청을 받은 지방해양수산청장은 해당 선박의 배출률을 아래 계산식에 따라 산정한 최대허용 배출률 이내인 경우에는 해당 선박의 배출률 승인 표시를 하여 신청인에게 주어야 한다(선박오염방지규칙 제13조의2 제4항).

최대허용 배출률(㎥/h)=0.00926×선박의 평균속력(knot)×선박의 흘수(m)×선박의 너비(m)

④ 배출기록

분뇨를 배출한 선박의 소유자(선박임차인)는 배출한 장소(경도 및 위도를 말한다), 배출량, 배출 당시 선박의 속력 및 흘수를 기관일지에 기재하고, 당직 기관사와 기관장이 서명해야 한다(선박오염방지규칙 제13조의2 제5항).

⑤ 분뇨의 배출 해역별 배출 기준

분뇨오염방지설비를 통해서 분뇨를 배출하고자 하는 선박은 선박오염방지규칙 별표2의 기준에 따라서 배출해야 한다. 별표 22를 요약하면 [표 10-2]와 같다.

141) 「수상레저안전법」제2조 제3호.

[표 10-2] 분뇨배출 기준

설비명	배출기준	제한 조건
분뇨저장탱크	영해기선으로부터 12해리를 넘는 거리에서 처리하지 않은 분뇨를 4노트의 속력으로 항해하면서 배출률을 유지하면서 배출	1. 수산자원 보호구역 2. 보호수면 및 수산자원관리수면 3. 환경보존해역 및 특별관리해역 4. 항만구역 및 어항구역 5. 갑문
분뇨마쇄소독장치	영해기선으로부터 3해리를 넘는 거리에서 장치를 통해서 처리한 분뇨를 4노트의 속력으로 항해하면서 배출	1. 수산자원 보호구역 2. 보호수면 및 수산자원관리수면 3. 환경보존해역 및 특별관리해역 4. 항만구역 및 어항구역 5. 갑문
분뇨처리장치	장치를 통해서 처리한 후 배출	1. 수산자원 보호구역 2. 보호수면 및 수산자원관리수면

※ 선박오염방지규칙 별표2를 저자가 요약 정리함.
※ MARPOL협약에서 지정하고 있는 특별해역은 이 협약에 따름.
※ 시추선 및 플랫폼은 항해 중이 아닌 상태에서 분뇨를 배출할 수 있음.

2) 분뇨 외 폐기물

(1) 분뇨 외 폐기물 처리 요건 선내 게시

선박의 길이 12 m 이상의 모든 선박은 선내 발생하는 분뇨 외 폐기물의 처리요건을 승무원과 여객에서 한글과 영문(국제항해선박에 한정)으로 작성하여 게시하여야 한다

[표 10-3] 분뇨 외 폐기물 투기 기준

투기가능 물질	투기 기준	비고
음식찌꺼기	영해기선으로부터 12해리 이상의 해역. 단, 분쇄기 등을 통하여 25 mm 이하의 개구를 가진 스크린을 통과할 수 있도록 분쇄된 경우에는 영해기선으로부터 3해리 이상의 해역에 배출 가능	MARPOL협약 부속서 5에 따라 지정된 특별해역은 협약기준을 따름

해양환경에 유해하지 않은 화물잔류물	◆ 부유성 화물잔류물은 영해기선으로 부터25해리 이상의 해역 ◆ 가라앉는 화물잔류물은 영해기선으로부터 12해리 이상의 해역 ◆ 화물창 세정수는 영해기선으로부터 12해리 이상의 해역. 단, 다음의 조건을 충족해야 함 - MARPOL 부속서 3의 적용을 받는 유해물질이 포함되지 않을 것 - 발암성 또는 돌연변이를 발생시키는 물질 포함되지 않을 것	해수침수, 부패, 부식 등으로 사용할 수 없게 된 화물은 국제협약에 따름
중수(거주구역의 목욕, 세탁, 설거지 등으로 발생하는 하수)	수산자원보호구역, 수산자원관리수면 및 '농수산물 품질관리법'에 따른 지정해역 및 주변해역에서는 배출금지	
어업활동 중 혼획된 수산동식물 또는 어업활동으로 인하여 선박으로 유입된 자연기원 물질(진흙, 퇴적물 등. 단, 어장의 오염된 퇴적물은 제외.	수산업법에 따른 면허 또는 허가를 받아 어업활동을 하는 수면에 배출 가능	

※ 선박오염방지규칙 별표3을 저자가 요약 정리 함.
※ MARPOL협약에서 지정하고 있는 특별해역은 이 협약에 따름.
※ 육지로부터 12해리 이상 떨어진 위치에 있는 고정되거나 부동하는 플랫폼과 이들 플랫폼에 접안되어 있거나 그로부터 500 m 이내에 있는 다른 모든 선박에서 음식찌꺼기를 해양에 배출할 때 음식찌꺼기는 25 mm 이하의 개구를 가진 스크린을 통과할 수 있도록 분쇄하거나 연마되어야 함.

(2) 분뇨 외 폐기물 관리

총톤수 100톤 이상의 선박과 최대승선인원 15명 이상의 선박은 선원이 실행할 수 있는 폐기물관리계획서를 비치하고 계획을 수행할 수 있는 책임자를 임명해야 한다. 이 계획서에는 선상 장비의 사용방법을 포함하여 폐기물의 수집, 저장, 처리 및 처분의 절차가 포함되어야 한다(선박오염방지규칙 별표3 비고 제5호).

(3) 폐기물관리기록부

선박의 선장(피예인선의 경우에는 선박의 소유자를 말함)은 총톤수 400톤 이상의 선박과 선박검사증서상 최대승선인원이 15명 이상인 선박(운항속력으로 1시간 이내의 항해에 종사하는 선박은 제외)에서 발생하는 폐기물의 총량·처리량 등을 기록하는 장부를 기록하고 3년간 선내에 보관해야 한다(피예인선의 경우에는 선박의 소유자 사무실을 말함)(법 제30조 제1장 제1호).

3) 유해방오도료

누구든지 선박 또는 해양시설 등에 유해방오도료 또는 이를 사용한 설비 등(이하 '유해방오시스템')을 사용하여서는 안 된다. 선박 또는 해양시설등에 방오도료 또는 이를 사용한 설비 등(이하 '방오시스템')을 사용하거나 설치하려는 경우에는 해양수산부령이 정하는 기준 및 방법[142)]에 따라야 한다.

4) 대기오염물질

(1) 오존층파괴물질의 관리

MAPOL협약 부속서Ⅵ의 규정에 따라 오존층파괴물질을 포함한 설비는 2020년 1월 1일까지 설치할 수 있었으나 현재는 설치가 금지된다. 설치금지 이전에 설치된 설비의 사용은 허용되지만 누구든지 선박으로부터 오존층파괴물질을 배출(선박의 유지보수 또는 장치·설비의 배치 중에 발생하는 배출을 포함)하여서는 안 된다. 다만, 오존층파괴물질을 회수하는 과정에서 누출 되는 경우에는 그러하지 않다(법 제42조 제1항). 국제항해에 사용되는 총톤수 400톤 이상 선박의 소유자는 오존층파괴물질을 포함하고 있는 설비의 목록을 작성·관리(이하 '오존층파괴물질기록부')하여야 한다(법 제42조 제4항).

142) 해양시설의 방오시스템은 해양환경관리법 시행규칙 제25조 참조 ; 선박의 방오시스템은 선박오염방지규칙 제29조 참조.

(2) 질소산화물의 배출 기준

선박의 소유자는 선박에 설치되는 출력 130킬로와트를 초과하는 디젤기관(교체 · 추가 · 개조된 경우를 포함한다)을 「대기환경보전법」에 따른 질소산화물의 배출허용기준을 초과하여 작동하여서는 안 된다. 다만, 비상용 · 인명구조용 선박 등 비상업용 목적의 선박 및 군함 · 해양경찰청함정 등 방위 · 치안 목적의 공용 선박에 설치되는 디젤기관은 제외된다(법 제43조 제1항).

질소산화물의 배출허용기준에도 불구하고 디젤기관에 해양수산부령이 정하는 기준에 적합한 배기가스정화장치 등을 설치하여[143] 질소산화물의 배출허용기준 이하로 배출량을 감축할 수 있는 경우에는 그 디젤기관을 작동할 수 있다(법 제43조 제2항).

[표 10-4] 디젤기관의 질소산화물 배출기준

기관 출력	정격 기관속도 (n: 크랭크샤프트의 분당 속도)	질소산화물 배출기준(g/kWh)		
		기준 1	기준 2	기준 3
130 kW 초과	n이 130rpm 미만일 때	17 이하	14.4 이하	3.4 이하
	n이 130rpm 이상 2,000rpm 미만일 때	$45.0 \times n^{(-0.2)}$ 이하	$44.0 \times n^{(-0.23)}$ 이하	$9.0 \times n^{(-0.2)}$ 이하
	n이 2,000rpm 이상일 때	9.8 이하	7.7 이하	2.0 이하

※ 대기환경보전법 시행규칙 별표35 및 선박오염방지규칙 별표21의2 참조.

※ 기준1은 2000년 1월 1일 이후 2011년 1월 1일 전에 건조된 선박, 기준 2는 2011년 1월 1일 이후에 건조된 선박에, 기준 3은 2016년 1월 1일 이후에 건조된 선박에 설치되는 디젤기관에 각각 적용하되, 기준별 적용대상 및 적용시기 등은 해양수산부령으로 정하는 바에 따름(MARPOL협약상 배출통제해역을 항해하는 선박에 한함).

선박의 소유자는 배출규제해역을 통항하려는 경우 또는 해당해역에서 이상운전상태가 발생하는 경우에는 디젤기관의 운전상태, 선박의 위치 및 일시 등을 선박의 기관일지에 기재해야 한다(법 제43조 제4항).

143) 선박오염방지규칙 제33조 및 별표20 제2호 참조.

(3) 연료유의 황함유량 기준 및 품질 관리

선박의 소유자는 배출규제해역과 그 밖의 해역으로 구분하여 대통령령으로 정하는 황함유량 기준을 초과하는 연료유를 사용해서는 안 된다. 다만, 다음의 어느 하나에 해당하는 경우에는 사용이 허용된다.

ⓐ 해양수산부령으로 정하는 기준[144]에 적합한 배기가스정화장치를 설치 · 가동하여 해양수산부령으로 정하는 황산화물 배출제한 기준량 [배기가스 중 이산화황(ppm) 배출량 대비 이산화탄소(부피백분율) 배출량의 비율이 4.3{4.3 SO_2(ppm)/ CO_2(%, v/v)}]이하로 황산화물 배출량을 감축하는 경우

ⓑ 황함유량 기준을 충족하는 연료유를 공급받기 위하여 노력하였음에도 불구하고 해당 선박이 운항하는 해역의 인근 항만에서 황함유량 기준을 충족하는 연료유를 공급받을 수 없는 경우로서 해양수산부령[145]으로 정하는 바에 따라 해양수산부장관의 인정을 받은 경우

선박의 소유자는 ⓐ 배출규제해역을 항해하는 경우, ⓑ 배기가스정화장치가 가동되지 않아서 배출 제한 기준량 이하로 황산화물 배출량을 감축하지 못한 경우에는 기관일지에 그 사실을 기재해야 하며(법 제43조 제3항) 연료유를 공급받은 날로부터 1년간 선박에 보관해야 한다(법 제43조 제4항).

① 황산화물배출규제해역(SECA) 내

이 해역에서 항해하는 선박은 황함유량 0.1% m/m(무게 퍼센트)을 초과하는 연료유의 사용이 금지된다(시행령 제42조). 황산화물배출규제해역을 항해할 목적으로 별도의 탱크에 저황함유 연료유를 탱크에 저장하고 있는 선박은 황산화물 배출규제해역으로 들어가기 전이나 그 해역에서 나오기 전에 조치하여야 할 연료유 전환방법이 적혀있는 절차서(연료유전환절차서)를 선박에 비치하여야 한다(법 제43조 제5항).

144) 선박오염방지규칙 제34조 및 별표20 제3호 참조.

145) 선박오염방지규칙 제34조 제3항 "법 제44조제1항제2호에 따라 황함유량 기준을 충족하지 못하는 연료유(이하 '부적합 연료유'라 한다)의 사용을 인정받으려는 선박의 소유자는 연료유를 공급받으려는 항만에 입항하기 3일 전까지 해당 선박의 선적항을 관할하는 지방해양수산청장에게 별지 제5호의10서식의 부적합 연료유 사용보고서를 제출해야 한다."

② 황산화물배출규제해역(SECA) 외

선박은 황함유량 0.5% m/m 초과하지 않는 연료유를 사용해야 한다. 그러나 경유를 연료유로 사용하면서 우리나라의 영해 및 배타적 경제수역 안에서만 항해하는 선박은 0.05% m/m를 초과하는 연료유의 사용이 금지된다.

③ 연료유 점검 및 품질 관리

선박의 소유자는 연료유의 황함유량 점검을 위하여 관련 공무원이 출입검사를 하는 경우 사용중인 연료유의 견본을 채취할 수 있도록 장소를 지정하거나 설비를 설치하여야 한다(법 제44조 제6항).

선박연료공급업자는 연료유에 포함된 황성분 등이 기재된 연료유공급서를 작성하여 그 사본을 해당 연료유로부터 채취한 견본(연료유 견본)과 함께 선박의 소유자에게 제공하여야 한다. 다만, 해양수산부령이 정하는 소형의 선박에 연료유를 공급하는 선박연료공급업자는 그러하지 아니하다(법 제45조 제2항).

선박의 소유자는 선박연료공급업자로부터 제공된 연료유공급서를 3년간 선박에 보관해야 한다(법 제45조 제3항). 또한 연료유를 공급받은 날부터 해당 연료유가 소모될 때까지 연료유견본을 보관하여야 한다.[146] 다만, 해당 연료유가 소모될 때 까지의 기간이 1년 미만인 경우, ⓐ 국내항해에만 종사하는 선박으로서 6개월 이내, ⓑ ⓐ에 해당하는 선박 외는 1년 동안 보관해야 한다(법 제45조 제4항 제1호 내지 2호).

(4) 선박으로부터 온실가스 배출 규제

① 선박에너지효율관리계획서 작성 및 검사

국제항해에 사용되는 총톤수 400톤 이상의 선박으로서 국제대기오염방지증서를 비치하고 있는 선박[147]의 소유자는 선박에너지효율을 향상시키기 위한 계획의 수립·시행

146) 연료유공급서 양식은 선박오염방지규칙 제35조 제4항 및 별표 22 참조 ; 연료유 견본(샘플)의 관리 및 증명 절차에 관한 사항은 별표 23 참조.

147) 국제대기오염방지증서를 소유하고 있는 선박으로서 시추선 및 플랫폼, 추진기관이 없는 선박 또는 국제항해에 종사하지 않는 선박으로서 외국에 선박을 매각하거나 외국에서 수리·폐선 등을 하기 위해 예외적으로 국제항해에 사용되는 선박에는 적용되지 않는다(선박오염방지규칙 제30조의4).

·감시·평가 및 개선 등에 관한 절차 및 방법을 기술한 계획서(이하 '선박에너지효율관리계획서')를 작성하여 선박에 비치하여야 한다(법 제41조의3 제1항).

② 선박에너지효율적합확인서 발급

선박에너지효율관리계획서를 비치해야 하는 선박 중 총톤수 5천톤 이상의 선박의 소유자는 작성한 계획서의 검사를 해양수산부장관에게 요청해야 한다(법 제41조의3 제2항). 해양수산부장관은 해양수산부령으로 정한 기준에 적합한지를 검사하고 적합한 경우에는 해당 선박의 소유자에게 선박에너지효율적합확인서를 발급하여야 한다(법 제41조의3 제3항).

③ 선박연료유 사용량 등 보고 의무

선박에너지효율적합확인서를 발급받은 선박의 소유자는 해당 연도에 선박에서 사용한 연료유의 사용량 및 선박의 운항거리 등 해양수산부령으로 정하는 사항(이하 '선박연료유 사용량등')을 다음 해 3월 31일까지 해양수산부장관에게 보고하여야 한다(법 제41조의4 제1항). 또한 선박의 소유자는 해당 선박의 국적이 변경되거나 선박의 매각, 폐선 등으로 선박을 사용하지 아니하게 된 경우에는 해당 사유가 발생한 날부터 3개월 내에 해당 연도의 선박연료유 사용량 등을 해양수산부장관에게 보고하여야 한다(법 제41조의4 제2항).

해양수산부장관은 보고된 선박연료유 사용량등을 검증하고, 적합한 경우 해당 선박의 소유자에게 선박연료유 사용량 등 검증확인서를 발급하여야 하며 선박의 소유자는 당해 선박에 이를 비치해야 한다(법 제41조의4 제3항 및 제4항).

끝으로 해양수산부장관은 선박연료유 사용량 등에 대한 검증 결과를 국제해사기구에서 정하는 방법에 따라 검증확인서 발급일로부터 30일 이내에 국제해사기구에 제출해야 한다(선박오염방지규칙 제30조의5 제6항).

④ 선박에너지효율지수의 계산

총톤수 400톤 이상의 국제항해선박 중 선박에너지효율설계지수를 적용받는 선박이 주요 개조하는 경우, 그리고 선박에너지효율설계지수를 적용받지 않는 현존선의 소유자는 해양수산부장관이 정하는 선박에너지효율지수 허용값을 초과하는 운항 또는 개조를 하여서는 안 된다(법 제41조의 5).

⑤ 선박운항탄소집약도지수의 계산

총톤수 5,000톤 이상의 국제항해선박 중 해양수산부령으로 정하는 선박의 소유자는 매년 선박운항탄소집약도지수를 계산하고 그 결과를 해양수산부장관에게 제출해야 한다.

계산 결과가 해양수산부령으로 정하는 집약도지수의 허용값을 초과하는 경우에는 선박에너지효율관리계획서에 선박운항탄소집약도지수 개선계획을 수립하여 검사를 받아야 한다(법 제41조의 6).

(5) 선박 안에서의 소각금지 등

누구든지 선박의 항해 및 정박 중에 다음의 물질을 선박 안에서 소각하여서는 안 된다. 다만, ⓔ의 물질을 IMO에서 정한 기준에 따라 지방해양수산청장이 형식승인 한 선박소각설비(IMO 형식승인 소각기)에서 소각하는 경우에는 그러하지 않다(법 제46조 제1항 및 선박오염방지규칙 제36조 제1항).

ⓐ 화물로 운송되는 기름 · 유해액체물질 및 포장유해물질의 잔류물과 그 물질에 오염된 포장재
ⓑ 폴리염화비페닐(PCB)
ⓒ 해양수산부장관이 정하여 고시하는 기준량 이상의 중금속이 포함된 폐기물[148]

148) 「휘발성유기화합물규제항만 지정 등에 관한 기준」제2조 다음 각 호의 어느 하나 이상의 중금속이 100만분의 100이상 포함된 쓰레기를 말한다.
1. 납
2. 카드뮴
3. 수은
4. 육가크롬

ⓓ 할로겐화합물질을 함유하고 있는 정제된 석유제품
ⓔ 폴리염화비닐(PVC)
ⓕ 육상으로부터 이송된 폐기물
ⓖ 배기가스정화장치의 잔류물

① 선박소각 방법

선박의 항해 및 정박 중에 발생하는 해양수산부령이 정하는 물질을 선박 안에서 소각하려는 선박의 소유자는 대기오염물질의 배출을 방지하기 위하여 적정한 온도를 유지하는 등 해양수산부령이 정하는 방법으로 설치된 소각설비를 작동하여야 한다(법 제46조 제2항).

② 주기관 등에서의 소각

선박의 항해 및 정박 중에 발생하는 유성찌꺼기 및 하수찌꺼기는 주기관·보조기관 또는 보일러에서 소각할 수 있다. 다만, 항만, 어항구역 또는 강과 바다가 만나는 강어귀 구역의 해역에서는 소각이 금지된다(법 제46조 제3항).

(6) 전자기록부 관리 등

선박의 소유자는 이 법에서 규정하고 있는 각종 기록부(기름오염기록부, 폐기물기록부, 유해액체물질기록부, 오존층파괴물질기록부)를 전자적 방법으로 기록할 수 있다. 물론 이러한 기록은 서면으로 기록된 것과 동일한 법적 효과를 갖는다.

10.4 해양오염방지를 위한 선박의 검사

10.4.1 검사의 종류

해양오염방지설비, 선체 및 화물창에 대해 실시하는 검사의 종류는 다음과 같다.

1) 정기검사

해양오염방지설비를 선박에 최초로 설치하거나 항해에 사용하고자 할 때에 또는 정기검사 후에 발급되는 해양오염방지검사증서의 유효기간이 만료한 때 행하는 정밀한 검사를 말한다(법 제49조).

2) 중간검사

정기검사와 정기검사의 사이에 이루어지는 검사를 말한다. 검사신청, 검사사항은 선박오염방지규칙 제40조에서 구체적으로 명시하고 있다. 중간검사 결과를 증서에 표기해야 한다. 중간검사는 제1종 중간검사와 제2종 중간검사가 구분되며 전자는 해양오염방지설비등의 배관·밸브 및 콕의 위치 확인과 압력시험을 제외한 검사를 실시하고 후자는 작동시험을 실시한다(선박오염방지규칙 제40조 제2항).

[표 10-5] 중간검사 시기(선박오염방지규칙 제40조 제3항)

구 분	종 류	검 사 시 기
가. 다음의 어느 하사네 해당하는 선박 1) 총톤수 50톤 미만의 유조선 2) 여객선을 제외한 총톤수 100톤 미만의 유조선 외의 선박	제1종 중간검사	정기검사 후 2번째 검사기준일 전 3개월부터 3번째 검사기준일 후 3개월 까지
나. 가목 외의 선박 1) 평수구역만을 항해하는 선박길이가 24 m 미만인 선박 2) 준설토 운반부선 및 부유식 해상구조물	제1종 중간검사	정기검사 후 2번째 또는 3번째 검사기준일 전후 3개월 이내
	제2종 중간검사	검사기준일 전후 3개월 이내(다만, 정기검사 또는 제1종 중간검사를 받는 연도는 제외한다).

3) 임시검사

임시검사는 해양오염방지설비등의 전부 또는 일부를 교체, 개조 또는 수리하는 경우에서 실시되는 검사다. 다만 해당 설비의 성능에 영향을 미칠 우려가 없다고 해양수산부장관이 인정하는 경우는 제외한다. 또한 탱커의 분리평형수탱크 또는 화물창의 구조, 용량, 배치, 배관 등을 변경, 교체 또는 개조하는 경우에도 실시된다(선박오염방지규칙 제41조 제1항).

4) 임시항해검사

대한민국선박을 외국인 또는 외국정부에 양도할 목적으로 항해에 사용하려는 경우 또는 선박의 개조, 해체, 검사, 검정 또는 톤수 측정을 받을 장소로 항해하려는 경우에 실시되는 검사를 말한다(선박오염방지규칙 제43조 제1항).

5) 방오시스템검사

국제항해에 종사하는 총톤수 400톤 이상의 선박소유자가 방오시스템을 선박에 설치하여 항해에 사용하려는 때에는 해양수산부령이 정하는 바에 따라 방오시스템검사를 받아야 한다. 선박의 소유자가 방오시스템을 변경 · 교체하고자 하는 때에는 해양수산부령이 정하는 바에 따라 임시방오시스템검사를 받아야 한다(법 제53조 및 선박오염방지규칙 제44조).

6) 예비검사

질소산화물의 배출허용기준에 적합한 디젤기관(출력 130kW 초과) 또는 황산화물용 배기가스정화장치와 같은 대기오염방지설비를 제조 · 개조 · 수리 · 정비 또는 수입하려는 자는 해양수산부령이 정하는 바에 따라 예비검사를 받을 수 있다(법 제53조 및 선박오염방지규칙 제46조).

7) 에너지효율검사

국제항해에 사용되는 총톤수 400톤 이상의 선박 선박으로서 해양수산부령으로 정하는[149] 선박을 건조하거나 개조 등을 하고자 하는 선박의 소유자는 해양수산부령[150]에서 정하는 바에 따라 해양수산부장관이 실시하는 선박에너지효율검사를 받아야 하며(법 제54조의2), 해양수산부장관은 에너지효율검사에 합격한 선박에 대하여 에너지효율검사증서를 발급하여야 한다(선박오염방지규칙 제46조의2 제4항).

10.4.2 증서의 관리

1) 협약검사증서

MARPOL협약에 따른 검사증서의 교부신청이 있는 때에는 해양수산부령[151]이 정하는 바에 따라 협약검사증서를 교부하여야 한다. 선박의 소유자 또는 선장이 국제협약의 당사국인 외국의 정부로부터 직접 협약검사증서를 교부받고자 하는 경우에는 해당 국가에 주재하는 우리나라의 영사를 통하여 신청하여야 한다. 협약검사증서는 해양오염방지검사증서 및 방오시스템검사증서와 같은 효력이 있는 것으로 본다(법 제55조).

2) 증서의 유효 기간

해양오염방지증서 및 협약검사증서의 유효기간은 5년이며 방오시스템검사증서 영구적이다. 선박에너지효율설계지수 및 선박에너지효율지수가 변경되는 개조를 한 선박은 에너지효율검사를 다시 받아야 한다. 중간검사 또는 임시검사에 불합격한 선박의 해양오염방지검사증서 및 협약검사증서의 유효기간은 해당 검사에 합격할 때까지 그 효력이 정지된다(법 제56조).

149) 선박오염방지규칙 별표20의2.

150) 선박오염방지규칙 제46조의2.

151) 선박오염방지규칙 제48조.

3) 항해의 조건

선박의 소유자는 해양오염방지검사증서 · 임시해양오염방지검사증서 · 방오시스템검사증서 또는 에너지효율검사증서를 교부받지 아니한 검사대상선박을 항해에 사용해서는 안 된다. 또한 해양오염방지검사증서 · 임시해양오염방지검사증서 · 방오시스템검사증서 · 에너지효율검사증서 및 협약검사증서에 기재된 조건에 적합하지 아니한 방법으로 그 선박을 항해(국제항해를 포함한다)에 사용하여서는 안 된다. 다만, 해양오염방지선박검사 · 에너지효율검사 또는 「선박안전법」제7조 내지 제12조의 규정에 따른 선박검사를 받기 위하여 항해하는 경우에는 허용된다(법 제57조).

4) 항만국 통제

해양수산부장관은 우리나라의 항만 · 항구 또는 연안에 있는 외국 선박에 설치된 해양오염방지설비등과 방오시스템, 외국 선박이 사용하는 연료유의 황함유량 또는 선박에너지효율이 MARPOL협약에 따른 기술상의 기준 또는 황함유량 기준에 적합하지 아니하다고 인정되는 경우에는 그 선박의 선장에게 해양오염방지설비등과 방오시스템, 연료유 또는 선박에너지효율 관련 설비 등의 교체 · 개조 · 변경 · 수리 · 개선이나 그 밖에 필요한 조치를 명령할 수 있다(법 제59조).

정리하기

★ 해양환경관리법령의 규정 중 MARPOL협약 보다 강화되어 있는 규정은 어떠한 것이 있는지를 정리하기.

★ 해양환경관리법상 우리나라 관할 수역(내수, 영해, 접속수역 및 배타적 경제수역)에서의 기관실 빌지의 배출 기준을 정리하기.

★ 해양환경관리법상 우리나라 관할 수역(내수, 영해, 접속수역 및 배타적 경제수역)에서의 분뇨의 배출 기준을 정리하기.

★ 디젤기관에서 배출되는 질소산화물의 배출 기준을 준수하기 위해서 선내에서 해야 할 조치로는 무엇이 있는가?

항만지역등 대기질 개선에 관한 특별법

11.1 소개

화석연료의 연소 후 대기로 배출되는 연소가스 내에는 각종 대기오염물질이 포함되어 있으며 국민의 건강 및 보건상의 심각한 피해를 발생시키고 있다.[152] 정부는 미세먼지로 인한 피해를 방지하고 대기질 개선을 목적으로 「미세먼지 관리 종합대책」을 2017년 9월 국무회의를 통해서 마련하는 등 여러 대책을 제시하고 있다. 특히 대형항만은 대도시와 밀접해 있고 선박을 통해서 배출되는 대기오염물질의 비중이 높고 물류이송에 이용되는 디젤기관 차량으로 인한 오염문제가 심각하기 때문에 이에 대한 개선대책이 마련될 필요성이 있었다. 그러나 현행 「대기환경보전법」 및 「수도권 대기환경개선에 관한 특별법」, 「해양환경관리법」으로는 해당 대기오염 배출원을 관리하는 데 어려움이 많고 대도시 중심으로 미세먼지 대책이 수립되고 있어 항만지역은 정책 우선순위에서 소외되는 문제점을 해결할 목적으로 2019년 4월 2일 「항만지역 대기질 개선에 관한 특별법」(이하 '항만대기질법')이 제정되었다.

이 법에서는 해양수산부장관과 환경부장관이 공동으로 5년마다 항만지역등 대기질 개선 종합계획을 수립하고, 관계 행정기관의 장은 해당 종합계획의 시행에 필요한 조치를 하도록 규정하고 있다(법 제7조 및 제8조). 또한 선박에서 발생하는 대기오염물질 저감을 위해 항만대기질관리구역 내에 '황산화물 배출규제해역'을 지정할 수 있도록 하고, '저속운항해역'을 지정하여 선박의 소유자로 하여금 일정 속도 이하로 운항하도록 권고할 수 있는 법적 근거를 마련하였다(법 제10조 및 제11조).

152) 한국환경정책평가연구원에서 수행한 연구 분석결과에 따르면 2015년 초미세먼지 노출로 인해 65세 이상 호흡기계 조기사망자 수는 1,376명에 달하며 피해는 연간 1조 3,955억원에 달하는 것으로 제시되었다(한국환경정책평가연구원, 「빅데이터를 이용한 대기오염의 건강영향 평가 및 피해비용 추정(2017. 12) 참조).

11.2 용어 정의 및 적용 범위

11.2.1 용어 정의

1) 항만지역등

다음 각 목의 어느 하나에 해당하는 지역을 말한다.

ⓐ「항만법」 제2조제4호에 따른 항만구역

ⓑ「어촌 · 어항법」 제2조제4호에 따른 어항구역

ⓒ「영해 및 접속수역법」에 따른 내수, 영해 및 접속수역

2) 항만대기질관리구역

다음 각 목의 지역 중에서 대통령령으로 정하는 지역을 말한다.

ⓐ 항만지역등 중 대기오염이 심하다고 인정되는 지역

ⓑ 항만지역등 중 해당 지역에서 배출되는 대기오염물질이 항만지역등의 대기오염에 크게 영향을 미친다고 인정되는 지역

3) 항만배출원

항만지역등에서 대기오염물질을 배출하는 선박, 하역장비, 자동차 등으로서 해양수산부령으로 정하는 것을 말한다.

4) 환경친화적 선박

「환경친화적 선박의 개발 및 보급 촉진에 관한 법률」 제2조 제3호에 따른 환경친화적 선박을 말한다.

11.2.2 적용 범위

이 법은 항만지역등의 대기질 관리와 항만배출원에 관하여 적용한다. 이 법이 적용되는 항만지역등에 정박 또는 항해하는 외국 선박에도 이 법은 적용된다(법 제3조).

11.2.3 다른 법률과의 관계

이 법은 항만지역등의 대기질 개선과 관련해서는 다른 법률에 우선하여 적용한다. 다만, 다른 법률의 규정내용이 이 법의 기준보다 강화된 기준을 포함하는 때에는 해당 법률을 적용한다. 이 법에서 규정하지 아니한 사항은 「수도권 대기환경개선에 관한 특별법」, 「대기환경보전법」 또는 「해양환경관리법」으로 정하는 바에 따른다.

11.3 주요 내용

11.3.1 대기질 개선 종합계획 수립, 배출원의 관리 및 친환경 항만 구축

1) 항만지역등 대기질 개선 종합계획 수립

항만지역등의 대기질 개선을 위하여 해양수산부장관은 5년마다 다음의 대기오염물질을 줄이기 위한 종합계획을 환경부장관과 사전에 협의해서 수립하여야 한다(법 제7조).

ⓐ 질소산화물
ⓑ 황산화물
ⓒ 휘발성유기화합물
ⓓ 먼지
ⓔ 미세먼지 저감 및 관리에 관한 특별법 제2조제1호의 미세먼지
ⓕ 오존

2) 선박배출규제해역

(1) 지정

종합계획에 포함되어 있는 항만지역등 대기질 개선의 기본목표(이하 '대기질개선목표')를 달성하기 위하여 항만대기질관리구역 내에 별도로 황산화물 배출규제해역(이하 '배출규제해역')을 정하여 고시할 수 있다. 현재 지정된 해역은 다음과 같다(법 제10조 제1항)).[153)]

ⓐ 인천항. 평택 · 당진항 해역
ⓑ 여수항, 광양항 해역
ⓒ 부산항 해역
ⓓ 부산항 서측 해역
ⓔ 울산항 해역

(2) 저황연료유 사용 의무

선박의 소유자는 배출규제해역에서 대통령령으로 정하는 황함유량 기준을 초과하는 연료유를 사용해서는 안 된다. 다만, 배기가스정화장치를 통하여 황산화물 배출제한기준량 이하로 황산화물 배출량을 감축하는 경우에는 적용되지 않는다(법 제10조 제2항). 2021년 12월 31일까지는 이 법 시행에 따른 계도차원에서 선박의 운항을 중지, 정박 도는 계류 중인 경우에만 한정하여 0.1%(m/m) 이하의 연류유를 사용하도록 하였으나 2022년 1월 1일 이후에는 배출규제해역에서 선박이 연료유를 사용하는 모든 경우로 확대하여 시행하고 있다.

(3) 저황연료유 사용 기록 및 보관 의무

선박의 소유자는 그 선박이 배출규제해역을 항해하는 경우에는 해양수산부령으로 정하는 연료유의 교환 등에 관한 사항을 그 선박의 기관일지에 기재하여야 한다(법 제10조 제3항).

153) 자세한 범위는 「황산화물 배출규제해역 지정 고시」의 상세 위치를 참조 바람.

배기가스정화장치를 설치한 선박은 운전상황을 기관일지에 기재해야 하며 배출규제해역에서 연료유를 교환한 선박은 ⓐ 연료유의 종류 및 연료유의 교환이 완료된 날짜, 시간 및 장소, ⓑ 연료유탱크에 남아 있는 연료유의 양(0.1% m/m 이하에 한정)과 ⓒ 교환된 연료유의 황함유량을 기관일지에 기재해야 한다. 또한 저황함유연료유로 교환하는 선박이 배출규제해역으로 들어가기 전이나 그 해역에서 나오기 전에 조치하여야 할 연료유 전환방법이 적혀 있는 절차서를 선박에 비치하여야 한다(법 제10조 제4항).

3) 저속운항해역의 지정

해양수산부장관은 대기질개선목표를 달성하기 위하여 해양수산부령으로 정하는 바에 따라 항만대기질관리구역 내에 저속운항해역을 정하여 고시하고[154], 해당 해역을 운항하는 선박의 소유자에게 해양수산부령으로 정하는 속도 이하로 운항하도록 권고할 수 있다.[155]

해양수산부령으로 정하는 속도 이하로 운항하는 선박에 대해서는 ⓐ 해당 선박의 규모 및 특성에 맞는 저속운항 방법에 관한 지도·상담 및 교육, ⓑ 「항만법」제42조에 따른 항만시설 사용료의 감면 그리고 ⓒ 그 밖에 해당 선박의 저속운항을 위해 필요한 행정적·재정적 지원 중 하나를 지원할 수 있다(법 제11조 제1항 및 시행령 제7조).

4) 육상전원공급설비

해양수산부장관 또는 항만시설 소유자는 이 법에서 정의하고 있는 대기오염물질을 다량으로 배출하는 선박이 이용하는 항만시설 중 ⓐ 컨테이너선의 전용 시설, ⓑ 크루즈선의 전용 시설 또는 ⓒ 그 밖에 해양수산부장관이 해당 항만시설의 이용 빈도, 이용 선박의 정박시간 등을 고려할 때 ⓐ 또는 ⓑ의 항만시설 대기오염물질 배출량과 같거나 그 이상이라고 인정하여 고시하는 시설에 선박 접안 시 선박에서 필요한 전기를 육상으로부

154) 「선박저속운항 해역 및 대상 선종 등 기준 고시」 참조.

155) 항만대기질법 시행규칙 제5조 제3항에서는 「선박저속운항 해역 및 대상 선종 등 기준 고시」에 위임하고 있으며 동 고시의 제3조에 따라 대상 선종 및 권고속도는 별표 2에 따르도록 규정하고 있다.

터 공급받는 설비(이하 '육상전원공급설비')를 설치하여야 한다. 다만, 전력 시설 부족 등 대통령령으로 정하는 경우에는 설치할 필요가 없다(법 제18조 제1항 및 제2항).

육상전원공급설비가 설치된 항만시설을 이용하는 선박의 소유자에게 선박 내에 육상전원공급설비에서 공급되는 전력을 수급할 수 있는 장치(이하 '수전장치')의 설치를 권고할 수 있다.

[표 11-1] 저속운항 대상 선종 및 권고 속도

<table>
<tr><th colspan="2">인천항</th><th colspan="2">여수항, 광양항</th><th colspan="2">부산항</th><th colspan="2">울산항</th></tr>
<tr><td>선종
(Port-Mis
Code)</td><td>권고속도</td><td>선종
(Port-Mis
Code)</td><td>권고속도</td><td>선종
(Port-Mis
Code)</td><td>권고속도</td><td>선종
(Port-Mis
Code)</td><td>권고속도</td></tr>
<tr><td>컨테이너선
(41)</td><td>12</td><td>컨테이너선
(41)</td><td>12</td><td>컨테이너선
(41)</td><td>12</td><td>컨테이너선
(41)</td><td>12</td></tr>
<tr><td rowspan="2">세미(혼재)
컨테이너선
(42)</td><td rowspan="2">10</td><td rowspan="2">세미(혼재)
컨테이너선
(42)</td><td rowspan="2">10</td><td rowspan="2">세미(혼재)
컨테이너선
(42)</td><td rowspan="2">10</td><td>세미(혼재)
컨테이너선
(42)</td><td>10</td></tr>
<tr><td>원유운반선
(51)</td><td>10</td></tr>
<tr><td>LNG운반선
(56)</td><td>10</td><td>LNG운반선
(56)</td><td>10</td><td>자동차운반선
(27)</td><td>10</td><td>케미컬 및
석유제품운반선
(52, 53)</td><td>10</td></tr>
</table>

[표 11-2] 저속운항해역의 범위

<table>
<tr><th>항만명</th><th>인천항</th></tr>
<tr><td>저속운항해역의 범위</td><td>다음 각 호의 지점을 순차적으로 연결한 선 안의 해역
1. 팔미도 등대 (N37-21-29.8, E126- 30-38.9)와 해녀섬(N37-21-42, E126-26-30)를 연결하는 선
2. 해녀섬과 덕적도 끝단(N37-16-27, E126-06- 17)을 연결하는 선
3. 팔미도 등대와 풍도끝단을 통과하는 지점(N 37-03-02, E126-21-02)을 연결하는 선
4. 팔미도 등대로부터 덕적도 끝단 (N37-16-27, E126-06-17)과 풍도끝단을 통과하는 지점(N37 -03-02, E126-21-02)을 연결하는 반지름 20해리의 원호를 이루는 해역</td></tr>
<tr><td>비고</td><td>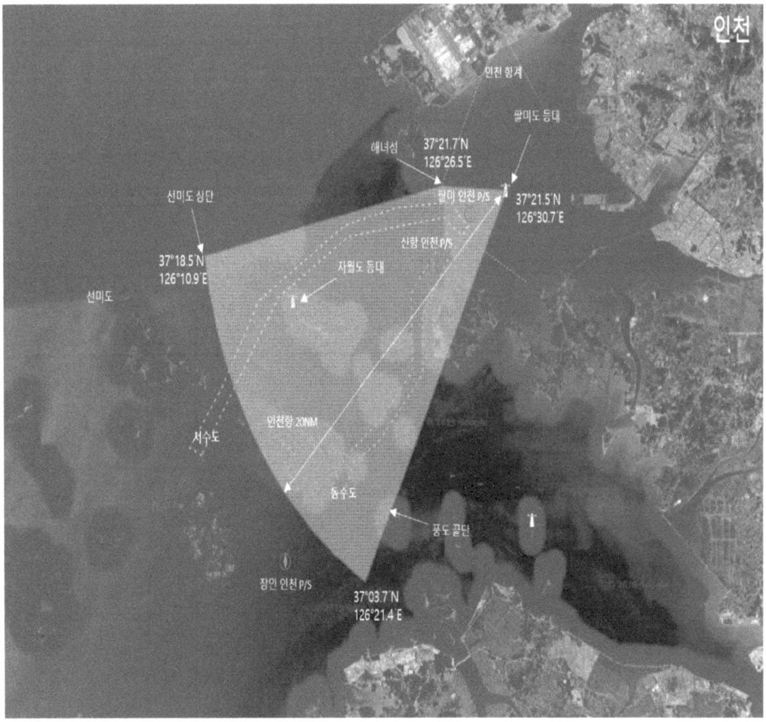</td></tr>
</table>

<table>
<tr><th>항만명</th><th>여수항 / 광양항</th></tr>
<tr><td>저속운항해역의 범위</td><td>다음 각 호의 지점을 순차적으로 연결한 선 안의 해역
1. 오동도 등대(N34-44-36, E127-46-00) , 죽도(N34-45-36, E127-50-6)
2. 금산등대(N34-42-37.2, E127-58-51.2), 지점(N34 -34-5.8, E128-06-57)을 연결하는 선
3. 오동도 등대로부터 지점 (N34-34-5.8, E128 -06-57)과 소리도 등대(34-24-42N, 127-48 -00E)를 연결하는 반지름 20해리의 원호를 이루는 해역</td></tr>
<tr><td>비고</td><td>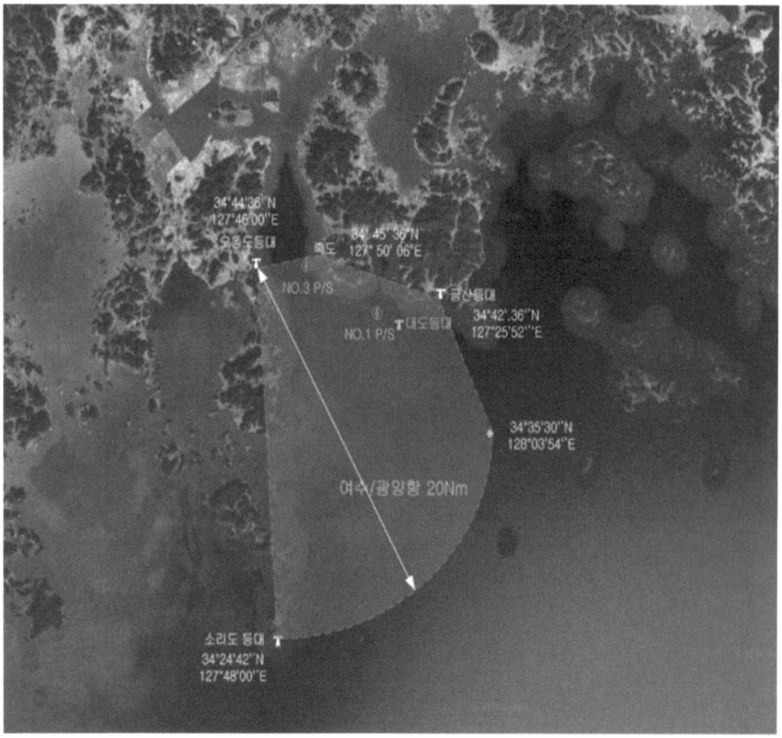
</td></tr>
</table>

항만명	부산항	부산항(서측해역)
저속운항해역의 범위	다음 각 호의 지점을 순차적으로 연결한 선 안의 해역 1. 오륙도 등대(N35-05-28, E129-07-36)로부터 지점(N35-20-21, E129-24-1.5)을 잇는 선과 오륙도 등대로부터 접속수역까지의 반지름 20해리의 원호를 이루는 해역 2. 생도등표(N35-02-13.7, E129-05-34.8)로부터 지점(N34-45-30, E128-52-05)을 잇는 선과 생도등표로부터 접속수역까지의 반지름 20해리의 원호를 이루는 해역	다음 각 호의 지점을 순차적으로 연결한 선 안의 해역 1. 가덕도(동두말) 등대(N34-59-22.2, E 128-49-44.6)로부터 지점(N35-03-59, E129-13-17)을 잇는 선 2. 가덕도(동두말) 등대로부터 지점(N34-43-09, E128 -36-15)을 잇는 선 3. 가덕도(동두말) 등대로부터 위 두점을 연결하는 반지름 20해리의 원호를 이루는 해역
비고	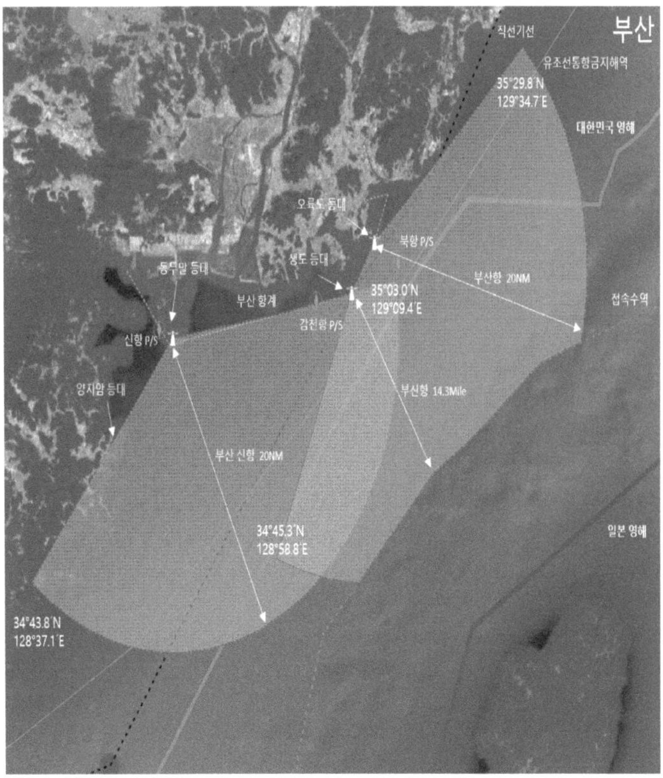	

항만명	울산항
저속운항해역의 범위	다음 각 호의 지점을 순차적으로 연결한 선 안의 해역 1. 매암부두방파제(N35-30-7.9, E129-23- 22.8)로부터 지점(N35-47-40, E129-35-20)과 지점(N35-11-3.85, E129-16-57)을 연결하는 선 2. 매암부두방파제로부터 지점(N35-47-40, E1 29-35-20)과 지점(N35-11-3.85, E129-16-57)을 연결하는 반지름 20해리의 원호를 이루는 해역
비고	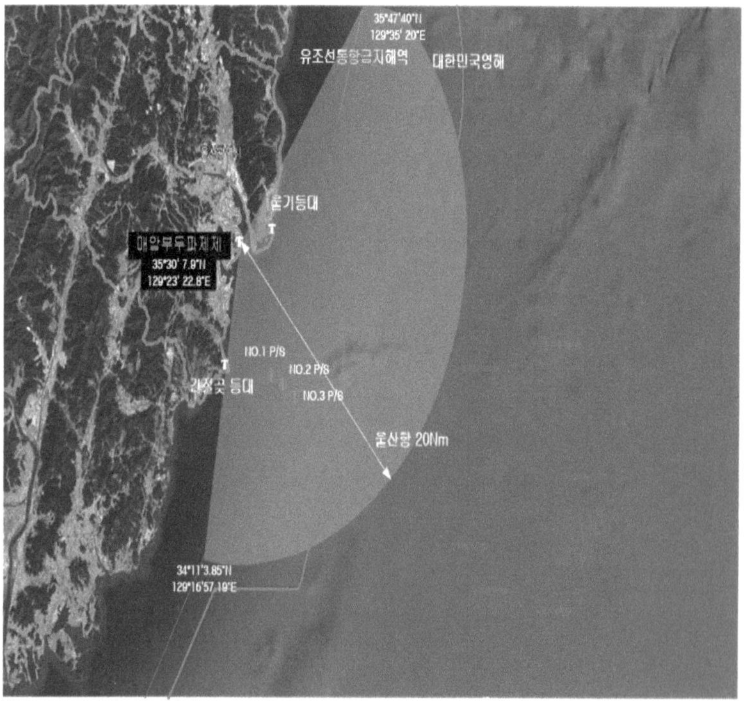

※ 출처 : 해양수산부 홈페이지 참조

정리하기

★ 해양환경관리법과 항만대기질법은 어떠한 관계가 있는지를 논의하고 발표하기.

★ 항만대기질법이 적용되는 항만에 입항하는 선박은 어떠한 조치를 추가적으로 해양 하는지 논의하고 발표하기.

★ 항만대기질법과 관련하여 기관사의 직무로는 무엇이 있는지를 논의해 보자.

〈항만지역등 대기질 개선에 관한 특별법(항만대기질법)의 의의〉

해양환경관리법은 항만 및 내수에도 적용된다. 그러나 항만대기질법은 특별법이기 때문에 해양환경관리법과 달리 정하는 기준에 한해 이 법이 우선 적용된다. 항만은 해양과 인접하여 있거나 둘러싸여 있는 해양을 포함하고 있다. 항만에 포함되어 있는 수역은 내수로서 영해와 구분되며 법적으로 영토와 같이 주권이 미치는 지역이다. 따라서 MARPOL협약과 같은 국제협약에서 별도로 규정하지 않는 한 국내법적으로 엄격한 기준을 항만국이 설정할 수 있으며 집행할 수 있는 관할권을 항만국이 갖는다.

특히 대형항만 또는 선박의 입출항이 잦고 사람의 거주지역이 인접한 항만의 경우에는 선박으로부터 배출되는 각종 대기오염물질로 인해 거주민의 건강 및 보건이 심각하게 위협받고 있으며 대기질 악화로 인해 각종 호흡기 질환이 발생하는 미치는 것으로 알려져 있다. 이 같은 국민건강과 보건상의 피해를 방지하고 대기질을 개선하기 위한 목적으로 미국이나 EU 회원국들은 일찍이 국내법 제정을 통해서 대기질 개선에 노력하여 왔다. 우리나라도 대기오염물질의 모니터링하기 위한 측정망을 설치함으로써 항만대기오염의 성분을 과학적으로 분석하고 관리할 수 있는 시스템을 구축하게 됨으로써 국민 삶의 질적 개선측면에서 항만대기질의 제정은 큰 의의가 있다.

현재는 선박의 추진기관, 발전기 원동기 또는 보일러와 같은 연소기관의 연료유 대부분이 화석연료에 의존하고 있으나 선박으로부터 배출되는 온실가스 배출 규제 강화 및 친환경선박의 운항 그리고 친환경 대체 연료로 전환이 이루어지면서 항내의 대기질은 더욱 개선되어 갈 것으로 예측된다.

기타 해사법령

12

12.1 해사안전기본법

12.1.1 개요

2011년에 제정된 「해사안전법」은 종전의 선박의 항법에 관하여 정하고 있었던 「해상교통안전법」을 수용하는 동시에 IMO의 회원국 감사 제도에서 요구하고 있었던 해사안전 정책의 수립, 시행, 평가 및 개선 등에 관한 체제를 정하고 영해 밖 해양시설의 안전관리에 관한 사항 및 난파물 처리에 관한 국제협약을 수용하고 있었다. 그러나 본래의 입법 취지였던 해사안전관리의 기본법적 지위가 불명확하고 IMO 해사협약의 기술적인 내용이 혼재되어 있어서 분법의 필요성이 제기되어 왔다. 이에 따라 「해사안전법」을 2023년 전면 개정하여 「해사안전기본법」으로 법명을 변경하였으며 국제해사협약의 국내 이행 규정은 「해상교통안전법」의 제정을 통해서 이행하고 있다.

「해사안전기본법」은 해사안전과 관련한 국가 및 국민의 의무(제1장), 국가해사안전기본계획의 수립(제2장), 해상교통관리시책등 마련(제3장), 국제협력 및 해사안전산업의 진흥(제4장) 및 해양안전교육 및 문화 진흥(제5장)에 관해 규정하고 있다.

12.2 해상교통안전법

12.2.1 개요

「해사안전법」이 전면 개정됨에 따라 이 법에서 규정하고 있었던 수역의 안전관리, 해상교통 안전 진단, 선박 및 사업장의 안전관리 및 선박의 항법 등의 관한 규정은 「해상교통안전법」을 통해 이행된다. 특히, 선박의 안전사고 예방을 강화하기 위해서 선박안전관리사 제도가 2024년부터 시행된다.

12.2.2 주요 내용

1) 수역 안전관리

이 법에 따른 보호수역 및 교통안전특정해역의 설정 그리고 유조선의 통항 제한을 통해서 선박의 안전항행을 확보하고 해양시설 및 해양환경을 보호하고 있다. 해양수산부장관은 우리나라의 배타적 경제수역 또는 대륙붕에 있는 해양시설을 보호할 목적으로 보호수역을 설정하고 있다. 선박으로 인해 대형해양사고가 발생할 우려가 있는 해역에 대해서는 교통안전특정해역을 설정하여 통항하는 선박에 대하여 통항시간·항로의 변경, 선박의 속력을 제한하고나 안내선을 사용하도록 하는 등의 명령을 할 수 있다. 그리고 유조선의 해양교통사고는 인명과 재산 그리고 해양환경에 막대한 피해를 유발시킬 수 있으므로 유조선의 통항을 금지하는 해역(이하 '유조선통항금지해역')을 정하여 항행을 금지하고 있다(시행령 별표 2 참조).

또한 우리나라는 조선국이기 때문에 건조된 선박이 선주에게 인도되기 전에 연근해에서 해상시운전이 이루졌으며 사실상 운항이 아니기 때문에 최소승무기준이 적용되지 않아 적정 선원수가 부족하거나 기기 및 설비 등의 고장 또는 오작동 등으로 인한 시운전 선박의 잦은 안전사고가 발생하기도 했다. 이러한 문제를 해결하기 위해서 시운전 선박에 대한 운항을 규제하고 있다(시행령 별표 3 참조).

3) 선박의 안전관리체제

이 규정은 ISM Code의 이행 규정으로서 국내 실정 및 국내 법령을 고려해서 국제기준보다 강화되어 있다.

(1) 선박의 안전관리체제 수립

이 법에서 정하는 선박의 선박소유자는 안전관리체제를 수립하고 시행해야 할 의무가 있다. 다만, 「해운법」 제21조에 따른 운항관리규정을 작성하여 해양수산부장관의 심사를 받고 시행하는 경우에는 안전관리체제를 수립하고 시행하는 것으로 인정한다. 안전관리체제에 포함되어야 할 사항은 이 법 제46조 제3항에서 구체적으로 정하고 있으며 이 체제의 수립 및 시행의 업무를 안전관리대행업에 등록된 자에게 위탁할 수 있다.

안전관리체제의 효율적인 운영을 위한 목적으로 선박소유자는 이 법에 따라 '선박안전관리자'의 자격을 가진 자 중에서 '안전관리책임자'와 '안전관리자'를 선임해야 한다. '안전관리책임자'는 선박의 안전관리에 관한 업무를 선박소유자(사업자)와 직접 협의할 수 있는 권한을 가진 자로서 안전관리체제 시행 및 개선 등의 업무를 총괄한다(법 제48조). 반면에 '안전관리자'는 '안전관리책임자'를 보좌하면서 실질적인 안전관리를 수행한다.

(2) 안전관리체제의 인증심사

안전관리체제를 수립해야 하는 선박 또는 육상 사업장의 선박소유자는 해양수산부장관의 안전관리체제에 대한 인증심사를 받아야만 한다. 최초인증심사나 갱신심사에 합격하면 해당 선박에 대해서는 선박안전관리증서 그리고 사업장에 대해서는 안전관리적합증서를 발급해 주어야 한다. 각 증서의 유효기간은 5년이며 선박의 경우에는 유효기간 개시일로부터 2년 6개월이 되는 날 전후 6개월 이내에 중간인증심사를 실시해야 한다. 다만 선박소유자의 요청이 있는 경우에는 매 1년 되는 날 전후 3개월 이내에 실시할 수 있다. 반면에 사업장은 안전관리적합증서의 유효기간 개시일로부터 매 1년이 되는 날 전후 3개월 이내에 실시해야 한다(법 제49조).

(3) 인증심사 업무의 대행

해양수산부장관은 인증심사대행기관을 지정하여 심사업무와 증서의 발급을 대행하게 할 수 있다. 이 경우 해양수산부장관과 협정을 체결해야 한다(법 제49조).

ⓐ 최초인증심사 : 최초로 받아야 하는 심사로서 가장 정밀한 심사

ⓑ 갱신인증심사 : 선박안전관리증서 또는 안전관리적합증서의 유효기간이 끝난 때에 실시하는 심사

ⓒ 중간인증심사 : 최초인증심사를 받기 전에 임시로 선박을 운항하기 위하여 사업장 또는 선박을 대상으로 실시하는 심사

ⓓ 수시인증심사 : 선박의 해양사고 및 외국항에서의 항행정지 예방 등을 위하여 사업장 또는 선박을 대상으로 실시하는 심사

3) 선박안전관리사

선박소유자를 대신하여 안전관리업무를 수행하는 대행업자는 자격요건을 충족하는 안전관리책임자와 안전관리자를 보유하고 있어야만 가능하며 최소 요건으로 3급 해기사 면허와 그 밖의 자격 요건을 갖추어야 한다(시행령 별표 7 참조). 안전관리사는 다음의 업무를 수행한다.

ⓐ 안전관리체제의 수립 · 시행 및 개선 · 지도

ⓑ 선박에 대한 안전관리 점검 · 개선 및 지도 · 조언

ⓒ 선박과 사업장 종사자의 안전을 위한 교육 및 점검

ⓓ 선박과 사업장의 작업환경 점검 및 개선

ⓔ 해양사고 예방 및 재발방지에 관한 지도 · 조언

ⓕ 여객관리 및 화물관리에 관한 업무

ⓖ 선박안전 · 보안기술의 연구개발 및 해상교통안전진단에 관한 참여 · 조언

ⓗ 그 밖에 해사안전관리 및 보안관리에 필요한 업무

12.3 해양사고의 조사 및 심판에 관한 법률

12.3.1 개요

해양의 선박 또는 선내에서 발생하는 사고의 원인조사를 통해서 재발을 방지하는 해양에서의 공공의 안전을 확보하는 활동은 중요한 국가의 책무 중 하나다. 해양안전심판원은 해양사고의 원인규명과 함께 재결로서 선원과 도선사를 행정적으로 처벌할 수 있는 준사법기관으로서의 기능을 수행하고 있다. 「해양사고의 조사 및 심판에 관한 법률」(이하 '해양사고심판법')은 심판원의 조직, 권한, 징계의 범위, 심판변호인 제도 및 심판의 절차 등에 관하여 규정하고 있다. 이 법률은 SOLAS협약상 해양사고조사코드(Caualty Investigation Code)의 국내이행법률 지위도 갖고 있다.

12.3.2 주요 내용

1) 해양사고의 범위

해양과 내수면에서 발생한 선박과 관련한 사고 또는 선내에서 발생한 인명사고를 포괄적으로 포함하는 의미로 정의하고 있다.[156] 선박이란 수상 또는 수중을 항행하거나 항해할 수 있는 구조물로서 수상레저기구 중 모터보트, 세일링요트(돛과 기관설치), 호버크래프 등을 제외한 동력선, 무동력선(범선 및 부선), 수면비행선박(표면효과 작용을 이용하여 수면에 근접하여 비행하는 선박)과 수상에서 이동할 수 있는 항공기도 선박으로 정의하고 있다. 인명 또는 재산상의 피해가 발생하지는 않았으나 선박의 구조·설비 또는 운용과 관련하여 시정 또는 개선되지 않으면 선박과 사람의 안전 및 해양환경 등에 위해를 끼칠 수 있는 사태를 '준해양사고'로 정의하고 있다.

156) 해양사고심판법 제2조 제1호 해양사고 정의 참조.

2) 심판원의 재결 및 시정 등 요청

심판원은 해양사고의 원인을 규명하고 재결로써 관련자를 징계할 수 있다(법 제5조). 징계는 행위의 경중에 따라서 면허의 취소, 업무정지 및 견책을 정한다(법 제6조)또한 심판의 결과 해양사고를 방지하기 위하여 시정하거나 개선할 사항이 있다고 인정할 때에는 해양사고관련자가 아닌 행정기관이나 단체에 해양사고를 방지하기 위하여 시정 또는 개선조치를 요청할 수 있다(법 제5조의2).

3) 징계의 집행유예 및 심급

(1) 집행유예

심판원이 징계로서 업무정지 중 1개월 이상 3개월 이하의 징계를 재결하는 경우에 직무교육이 필요하다고 인정되는 경우에는 징계재결과 함께 3개월 이상 9개월 이하의 기간동안 징계의 집행유예를 재결할 수 있다(법 제6조의 2). 심판원은 유예기간 동안 직무교육을 이수하도록 명령해야 한다(법 제6조의3).

(2) 심급

심판원은 지방심판원과 중앙심판원으로 구성되어 있으며 지방심판원은 제1심 심판을 하고 중앙심판원은 제2심 심판을 한다(법 제21조). 제3심은 중앙심판원 소재지를 관할하는 고등법원이 관할권을 갖고 제4심은 대법원에서 관할권을 갖는다.

4) 해양사고와 관련한 증거보존

해양사고와 관련된 선원은 선박에 비치하거나 기록되고 보관되어야 하는 간행물 또는 서류를 파기하거나 변경해서는 안 된다. 이와 관련한 서류는 선박안전법에서 정하고 있는 항해용 간행물과 선원법에 따라 선내에서 보고하고 있어야 하는 서류를 말한다. 이와 같은 규정은 육상의 사업자에도 동일하게 적용된다. 국제항해선박 또는 선박안전법에 따라 항해기록장치를 설치해야 하는 선박의 선장은 해양사고가 발생한 경우, 지체없이 이 장치를 보존하는 조치를 실시하여야 한다(법 제35조).

12.4 선박평형수관리법

12.4.1 개요

선박의 평형수(ballast water)는 일반적으로 선박의 안전운항을 위한 목적으로 트림 또는 힐링 등을 조정하기 위한 목적으로 임의로 선박에 싣거나 실려 있는 물을 말한다. 일반적으로 해수가 평형수로 사용된다. 따라서 선박의 안전운항을 위해서 반드시 있어야 한다. 그러나 평형수 주입 시 함께 유입되는 수생생물과 감염병균이 선박을 통해서 이동되고 평형수 배출시 종전의 서식지나 감염지역을 벗어나 새로운 지역으로 배출되면서 전 세계적으로 생태계 교란이 발생하였고 또한 감염병 확산의 우려도 있으므로 IMO에서 이를 규제하기 위한 신해양오염방지 협약인「선박평형수 및 침전물 관리에 관한 국제협약(이하 '선박평형수관리협약')」을 2004년에 채택하였으며 이 협약은 2017년 9월에 발효되었다. 우리나라도 이 협약의 당사국으로 선박평형수관리법을 통해서 이행하고 있다.

12.4.2 주요 내용

1) 적용 범위

이 법은 국제항해선박과 우리나라 관할 수역을 항해하는 외국 선박에 적용한다. 그러나 선박평형수를 실을 수 없도록 건조된 선박, 군항, 경찰용선박 또는 비상업적인 목적으로 운항되는 선박 등에는 적용하지 않는다(법 제3조).

2) 선박형수관리

(1) 선박평형수관리계획서

원칙적으로 이 법에 따라 관리되지 않았거나 처리되지 않은 평형수는 배출이 금지된다. 이 법을 적용받는 국적선은 선박평형수의 처리·교환·주입·배출 등에 관한 절차와 방법을 기술한 계획서(이하 '선박평형수관리계획서')를 작성하여 해양수산부장관의 검인을 받아야 한다(법 제9조).

(2) 선박평형수관리기록부 기록

선박소유자는 해당 선박에서 처리·교환·주입·배출한 선박평형수를 기록하기 위한 장부(이하 '선박평형수관리기록부')를 선박에 비치하고 선박평형수 처리량·교환량·주입량·배출량 등을 이 법의 시행규칙에 따라서 기록하여야 한다(법 제10조).

(3) 선박평형수의 입항 보고

우리나라 관할 수역 밖에서 입항하는 선박은 해당 항만을 관할하는 지방해양수산청장에게 입항 24시간 전까지 선박평형수 입항 보고서를 제출하여야 한다(법 제5조 및 시행규칙 제10조).

3) 선박평형수 배출

(1) 선박평형수 배출

선박의 소유자(선박임차인을 포함)는 관할수역에서 선박평형수 또는 침전물을 배출해서는 안된다. 선박평형수를 교환하는 설비를 설치한 선박이 영해기선를 기점으로 200해리 이상이고 수심이 200미터 이상인 수역 등에서 교환하였을 경우에는 배출이 가능하다. 그러나 선내에 선박평형수관리설비를 설치했을 경우에는 반드시 이 설비를 통해서 배출해야 한다(법 제6조).

선박평형수관리설비의 설치는 IMO의 선박평형수관리협약이 발효된 2017년 9월 8일 이후에 건조된 선박은 설치되어야 하며 그 이전에 건조된 선박도 선박의 운항스케즐 및 검사시기 등을 고려해서 해양환경관리법의 정기검사일을 기준으로 단계적으로 설치하도록 기한을 규정되어 있다. 가장 늦은 기한은 2024년 9월 8일로서 이 시기부터 국제항해하는 협약의 적용 대상이 되는 모든 선박에는 선박평형수관리설비가 설치되며 이 설비를 통해서 평형수를 배출해야 한다.

[표 12-1] 선박평형수 교환해역 요건(D-1 규칙)

구 분	교환 해역
1 안	깊이 200 m이상, 거리 200해리 이상
2 안	깊이 200 m이상, 거리 50해리 이상
3 안	인접국과 협의하여 지정

※ 1안 및 2안에 의해서 지정된 해역으로 이동하기 위해 선박이 항로를 변경할 필요가 없음.

<표 12-2> 선박평형수 처리 기준(D-2 규칙)

대상	배출 기준
최소 크기 10 ㎛ ≤ 50 ㎛	수생생물의 개체수 10개/1㎖ 미만
최소 크기 50 ㎛ 이상	수생생물의 개체수 10개/1㎥ 미만
독성비브리오 콜레라균(O1, O139)	1cfu(colony forming unit : 군체형성단위)/100 ㎖ 미만 또는 1 cfu/동물성플랑크톤 시료 1 g(습중량) 미만
대장균(Escherichia Coli)	250 cfu/100 ㎖ 미만
장구균	100 cfu/100 ㎖ 미만

(2) 선박평형수 교환 기준

선박평형수 교환방법으로는 배출 후 주입 방법(sequential method), 넘침방법(flow-through method) 및 희석 방법(dilution method)가 있다. 선박은 어떤 방법으로 선박평형수를 교환할지 선박의 구조 및 설비 등을 고려해서 선박평형수관리계획서에 반영하여 승인을 받아야 한다. 공통적으로 선박평형수를 교환할 때에는 용적의 95% 이상을 새로운 평형수로 교환하여여 한다. 일반적으로 넘침 방법과 희석 방법은 종전의 평형수가 적재되어있는 탱크에 펌프를 통해서 선박평형수를 주입하는 방식이므로 일반적으로 평형수탱크 용적 3배 이상을 펌핑한 경우에 95% 이상 교환을 인정하지만, 해양수산부장관이 인정하는 경우에는 3배 미만으로도 실시할 수 있다(시행규칙 별표 4).

(3) 선박평형수처리업자를 통한 양육 처리

선박평형수를 어떠한 사정으로 인해서 교환하지 못하였거나 또는 선박평형수관리설비의 고장으로 항만에서 선박평형수를 배출할 수 없을 경우를 대비하여 선박평형수처리업자에게 양육처리하도록 규정하고 있다(법 제6조 제3호 참조).[157]

4) 이행 감독

선박검사를 통해서 선박소유자 및 선원의 이행실태를 점검하고 있으며 항만국은 항만국 통제를 통해서 국제법상의 기국 검사와 함께 선내 이행을 점검하고 있다. 국제항해선박 총톤수 400톤 이상은 이 법의 따른 정기검사, 중간검사(제1종 및 제2종), 임시검사를 반드시 받아야 한다. 검사의 합격여부에 따라 선박평형수관리설비검사증서를 발급하여야 한다. 동 증서의 유효기간은 5년이며 유효기간 이내에 정기검사를 받아야만 갱신이 가능하다(법 제11조 내지 제15조 참조).

정리하기

★ 해상교통안전법에서 규정하고 있는 안전관리책임자와 안전관리자의 역할을 조사하고 차이점을 설명하기.

★ 해양사고심판법에 따라 집행유예를 받은 선원이 받아야 하는 교육은 무엇인지를 조사하고 설명하기.

★ 선박평형수관리법에 따라 기관사가 해야 할 직무로는 무엇이 있는지를 조사하고 발표하기.

157) 2023년 연말 현재 우리나라에는 등록된 선박평형수처리업자가 없다.

2024 해기사(海技士)를 위한

해사협약과 국내이행법규

2025년 2월 10일 2쇄 발행

저 자 두현욱

발 행 인 송기수

발 행 처 도서출판 GS인터비전

편 집 처 도서출판 GS인터비전

인 쇄 처 트윈벨미디어

등록번호 제 25100-2016-000050 호

I S B N 979-11-5576-468-8(93360)

주 소 서울 은평구 증산로 15길 69, 2층

전 화 02-976-7898

팩 스 02-6468-7898

홈페이지 gsintervision.kr

E-Mail gsinter7@gmail.com

정 가 30,000원